U0210999

# 运筹学方法及其计算机实现研究

徐厚生　潘　俊　李　军 / 著

吉林出版集团股份有限公司
全国百佳图书出版单位

图书在版编目(CIP)数据

运筹学方法及其计算机实现研究 / 徐厚生, 潘俊, 李军著. -- 长春 : 吉林出版集团股份有限公司, 2022.4
ISBN 978-7-5731-1447-1

Ⅰ. ①运… Ⅱ. ①徐… ②潘… ③李… Ⅲ. ①运筹学 Ⅳ. ①O22

中国版本图书馆CIP数据核字（2022）第053484号

YUNCHOUXUE FANGFA JIQI JISUANJI SHIXIAN YANJIU
运筹学方法及其计算机实现研究

著　　者: 徐厚生　潘俊　李军
责任编辑: 孙　婷
出　　版: 吉林出版集团股份有限公司
发　　行: 吉林出版集团青少年书刊发行有限公司
地　　址: 吉林省长春市福祉大路5788号
邮政编码: 130118
电　　话: 0431-81629808
印　　刷: 北京亚吉飞数码科技有限公司
版　　次: 2023年3月第1版
印　　次: 2023年3月第1次印刷
开　　本: 710mm × 1000mm　1/16
印　　张: 16.75
字　　数: 265千字
书　　号: ISBN 978-7-5731-1447-1
定　　价: 86.00元

# 前　言

运筹学（Operations Research）是20世纪40年代发展起来的一门新兴学科．它是用定量的方法，对所研究的各类管理优化问题建立数学模型并进行求解，然后进行定量和定性的分析，为决策者做出合理的决策提供科学的依据．它广泛应用于工农业生产、经济管理、科学研究及国防等领域，为解决诸如生产计划、资源分配、信息处理、军事对抗等问题提供帮助，并且已经产生了巨大的社会和经济效益．

从方法论的角度来看，运筹学中的数学模型大体可分为两大类：一类是确定型模型，如线性规划、非线性规划、整数规划、几何规划、图论等．这类模型在描述现实世界事物时，或由于事物本身不含随机因素，或事物本身虽含随机因素但并未扮演一个基本重要的角色，因而从数量关系上描述它们的数学模型具有确定性．另一类是随机型模型，这类模型由于所描述的现实现象中随机因素扮演了一个基本重要的角色，因而从数量关系上描述它们的数学模型具有随机性．动态规划、决策论、对策论、排队论、网络规划、网络计划等都是随机型模型中的分支．基于上述分析，作者选择了其中的部分内容，作为本书研究的对象．本书共计7章，主要对线性规划、非线性规划、动态规划、存储论、决策、博弈论、图与网络分析等展开论述．

为了使读者更好地掌握运筹学的基本原理和方法，提高运用运筹学模型解决实际问题的能力，我们在写作本书的过程中，力图做到以下几点：

（1）以实用性为主，兼顾理论体系．运筹学的鲜明特征和真正魅力在于为各个领域的决策优化问题提供切实可行的解决办法．为此，本书在整体框架设计以及选材等方面立足于实用性，对一些重要的原理、方法及结论，做了比较深入地讨论或必要的推导和论证．

（2）注重对运筹学应用软件使用方法的介绍．本书将运筹学软件的使用作为整本书的有机组成部分．更强调运用计算机软件解决问题的能力培养，本书涉及LINGO、WinQSB等常用运筹学软件，可求解我们通常遇到的大部分运筹学模型．

在写作工作中，我们力求深入浅出，通俗易懂；文字表达力求简洁流畅；在选材上，着重介绍了数学模型的基本理论和基本方法，并注意了这些理论和方法的应用；在计算方法上，着重介绍了适用面较广、使用方便、具有实效的方法．本书内容简明扼要，取材新颖，内容涉及广泛，注重理论与实践，在适教性上做了有益的探索，收到了一定的实效．本书可以作为高等院校财经管理类和信息科学、应用数学以及工程类专业的参考用书，也可供研究生、管理工作者和科技人员阅读使用．

本书由沈阳建筑大学徐厚生、潘俊、李军共同完成．本书的写作，得到了学校领导、同事至终的关心和支持，在此表示诚挚的谢意．同时衷心感谢出版社编辑为本书的出版所做的努力．我们在本书写作过程中，参考了一些著作、文献研究成果，在此也向其作者表示感谢．由于编者水平所限，书中不妥之处在所难免，敬请读者批评指正．

作者

2022年1月

# 目　录


**第1章　线性规划　1**

1.1　线性规划及其数学模型　1
1.2　线性规划的单纯形法　8
1.3　线性规划的矩阵形式　23
1.4　线性规划的对偶理论　24
1.5　运输问题　28
1.6　运用WinQSB求解线性规划问题　31

**第2章　非线性规划　39**

2.1　基本概念　39
2.2　凸函数与凸规划　42
2.3　一维搜索方法　47
2.4　无约束极值问题　52
2.5　约束极值问题　64
2.6　运用LINGO求解非线性规划问题　73

**第3章　动态规划　77**

3.1　动态规划的特征　77
3.2　投资分配问题　80

3.3 “背包”问题 81
3.4 设备更新问题 88
3.5 多阶段生产安排问题 91
3.6 动态规划问题的Excel求解方法 95
3.7 案例分析及WinQSB软件应用 106

**第4章 存储论 111**

4.1 存储模型的结构及基本概念 111
4.2 确定性存储模型 115
4.3 随机性存储模型 129

**第5章 决策论 137**

5.1 决策分析的基本问题 137
5.2 确定型决策问题 146
5.3 非确定型决策问题 148
5.4 风险型决策问题 154
5.5 案例分析及WinQSB软件应用 171

**第6章 博弈论 177**

6.1 博弈概述 177
6.2 矩阵博弈的解 187
6.3 矩阵博弈的线性规划解法 193
6.4 多人非零和博弈 195
6.5 求解混合策略解的LINGO程序 201

**第7章　图与网络分析　211**

7.1　图与网络的基本概念　211
7.2　树及最小树问题　217
7.3　最短路问题　225
7.4　网络最大流问题　235
7.5　用计算机求解网络规划问题　239
7.6　案例分析及WinQSB软件应用　252

**参考文献　256**

# 第1章　线性规划

线性规划（linear programming，简称LP）是运筹学的一个重要分支，其研究始于20世纪30年代末期，线性规划理论的发展与应用被认为是20世纪最重要的科学成果之一．1947年美国数学家丹捷格（G.B.Dantzig）提出求解线性规划的一般方法——单纯形法，从而使线性规划在理论上趋于成熟．目前，从解决企业管理的最优化问题，到工业、农业、交通运输、军事国防等部门的计划管理与决策分析，乃至整个国民经济计划的综合平衡，线性规划都有广泛的应用．它已成为现代管理科学的重要基础之一．

## 1.1　线性规划及其数学模型

线性规划研究可以归纳成两种类型的问题：一类是给定了一定数量的人力、物力、财力等资源，研究如何运用这些资源使完成的任务最多；另一类是给定了一项任务，研究如何统筹安排，才能以最少的人力、物力、财力等资源来完成该项任务．事实上，这两个问题又是一个问题的两个方面，就是寻求某个整体目标的最优化问题．

### 1.1.1　线性规划问题实例

也就是说，线性规划是研究在一组线性约束条件下，线性目标函数取最大值或最小值的问题．

**例1.1.1**　某工厂在计划期内要安排生产Ⅰ、Ⅱ两种产品，已知生产单位产品所需的设备台数及A、B两种原材料的消耗量，见表1-1．该工厂每生产单位重量产品Ⅰ可获利润3元，每生产单位重量产品Ⅱ可获利润5元，问：应如何安排生产计划使该工厂获得的利润最大？

表1-1

| | 产品Ⅰ | 产品Ⅱ | 原材料总数 |
|---|---|---|---|
| 设备 | 2 | 3 | 12 |
| 原材料A | 3 | 1 | 15 |
| 原材料B | 2 | 5 | 16 |

**解**：将产品Ⅰ、Ⅱ的计划生产量设为$x_1$、$x_2$．

首先，我们的目标是要获得最大利润，即最大化利润函数

$$Z = 3x_1 + 5x_2$$

其次，该生产计划受到一系列现实条件的约束．

条件1：对于设备时间，生产所用的设备台数不得超过所拥有的设备台数，应满足

$$2x_1 + 3x_2 \le 12$$

条件2：对于原材料，生产所用的两种原材料A、B不得超过所拥有的原

材料总数，即

$$
\begin{aligned}
3x_1 + x_2 &\le 15 \\
2x_1 + 5x_2 &\le 16
\end{aligned}
$$

此外，还存在一个隐含约束，生产的数量必须非负，即 $x_1$、$x_2$ 均大于或等于0.

综上所述，可得如下线性规划模型

$$
\max \quad Z = 3x_1 + 5x_2
$$

$$
\text{s.t.}\begin{cases}
2x_1 + 3x_2 \le 12 \\
3x_1 + x_2 \le 15 \\
2x_1 + 5x_2 \le 16 \\
x_1、x_2 \ge 0
\end{cases}
$$

**例1.1.2** 某公司某工地租赁甲、乙两种机械来安装A、B、C三种构件，这两种机械每天的安装能力见表1-2．工程任务要求安装250根A构件、300根B构件和700根C构件，又知机械甲每天租赁费为250元，机械乙每天租赁费为350元，试决定租赁甲、乙机械各多少天，才能使总租赁费最少?

**表1-2**

| | A构件 | B构件 | C构件 |
|---|---|---|---|
| 机械甲 | 5 | 8 | 10 |
| 机械乙 | 6 | 5 | 12 |

**解：**设 $x_1$、$x_2$ 为机械甲和乙的租赁天数．为满足A、B、C三种构件的安装要求，必须满足

$$
\begin{cases}
5x_1 + 6x_2 \ge 250 \\
8x_1 + 5x_2 \ge 300 \\
10x_1 + 12x_2 \ge 700 \\
x_1、x_2 \ge 0
\end{cases}
$$

若用Z表示总租赁费，则该问题的目标函数可表示为max $Z = 250x_1 + 350x_2$. 由此，得如下模型

$$\min \quad Z = 250x_1 + 350x_2$$
$$\text{s.t.}\begin{cases} 5x_1 + 6x_2 \geq 250 \\ 8x_1 + 5x_2 \geq 300 \\ 10x_1 + 12x_2 \geq 700 \\ x_1、x_2 \geq 0 \end{cases}$$

以上例子，尽管其实际问题的背景有所不同，但讨论的都是资源的最优配置问题. 它具有如下一些共同特点：

目标明确：决策者有着明确的目标，即寻求某个整体目标最优. 如最大收益、最小费用、最小成本等.

多种方案：决策者可从多种可供选择的方案中选取最佳方案，如不同的生产方案和不同的物资调运方案等.

资源有限：决策者的行为必须受到限制，如产品的生产数量受到资源供应量的限制，物资调运既要满足各门市部的销售量，又不能超过各工厂的生产量.

线性关系：约束条件及目标函数均保持线性关系.

具有以上特点的决策问题，被称为线性规划问题. 从数学模型上概括，可以认为，线性规划问题是求一组非负的变量 $x_1, x_2, \cdots, x_n$，在一组线性等式或线性不等式的约束条件下，使得一个线性目标达到最大值或者最小值.

### 1.1.2 线性规划的数学模型

从上述两个例子可以看出，线性规划的一般建模步骤如下：

第一步：确定决策变量.

确定决策变量就是将问题中的未知量用变量来表示，如例1.1.2中的 $x_1$、$x_2$. 确定决策变量是建立数学规划模型的关键所在.

第二步：确定目标函数.

确定目标函数就是将问题所追求的目标用决策变量的函数表示出来.

第三步：确定约束条件.

将现实的约束用数学公式表示出来.

同时，也可观察到，线性规划数学模型具有如下特点：

（1）有一个追求的目标，该目标可表示为一组变量的线性函数. 根据问题的不同，追求的目标可以是最大化，也可以是最小化.

（2）问题中的约束条件表示现实的限制，可以用线性等式或不等式表示.

（3）问题用一组决策变量表示一种方案，一般说来，问题有多种不同的备选方案，现行规划模型正是要在这众多的方案中找到最优的决策方案（使目标函数最大或最小）. 从选择方案的角度看，这是规划问题；从目标函数最大或最小的角度看，这是最优化问题.

满足上述3个特点的数学模型称为线性规划的数学模型，其一般形式为

$$\max(\min Z) = c_1x_1 + c_2x_2 + \cdots + c_nx_n \tag{1-1-1}$$

$$\text{s.t.}\begin{cases} a_{11}x_1 + a_{12}x_2 + \cdots + a_{1n}x_n \le (=,\ge) b_1 \\ a_{21}x_1 + a_{22}x_2 + \cdots + a_{2n}x_n \le (=,\ge) b_2 \\ \vdots \\ a_{m1}x_1 + a_{m2}x_2 + \cdots + a_{mn}x_n \le (=,\ge) b_m \\ x_1, x_2, \cdots, x_n \ge 0 \end{cases} \tag{1-1-2}$$

在上述线性规划模型中，式（1-1-1）称为目标函数，而式（1-1-2）称为约束条件，它包括一般性约束条件和非负约束条件.

## 1.1.3　线性规划模型的标准化问题

由于对线性规划问题解的研究是基于标准型进行的，因此，对于给定的

非标准型线性规划问题的数学模型，则需要将其化为标准型．对于不同形式的线性规划模型，可以采取如下一些办法：

（1）目标函数为最小值问题.

对于目标函数为最小值问题，只要将目标函数两边都乘以−1，即可化成等价的最大值问题.

（2）约束条件为“≤”类型.

对这样的约束，可在不等式的左边加上一个非负的新变量，即可化为等式．这个新增的非负变量称为松弛变量.

（3）约束条件为“≥”类型.

对这样的约束，可在不等式的左边减去一个非负的新变量，即可化为等式．这个新增的非负变量称为剩余变量（也可统称为松弛变量）.

一般说来，松弛变量和剩余变量的目标函数系数等于零.

（4）决策变量 $x_k$ 的符号不受限制.

对于这种情况，可用两个非负的新变量 $x_k'$、$x_k''$ 之差来代替，即将变量 $x_k$ 写成 $x_k=x_k'-x_k''$．而 $x_k$ 的符号由 $x_k'$、$x_k''$ 的大小来决定，通常将 $x_k$ 称为自由变量.

（5）常数项 $b_i$ 为负值.

对于这种情况，可在约束条件的两边分别乘以—1即可.

下面举例说明如何将线性规划的非标准形式化为标准型.

**例1.1.3**　把下述线性规划模型化为标准型.

$$\max Z = 4x_1 + 5x_2$$
$$\text{s.t.}\begin{cases} x_1 + x_2 \le 45 \\ 2x_1 + x_2 \le 80 \\ x_1 + 3x_2 \le 90 \\ x_1、x_2 \ge 0 \end{cases}$$

**解：**在各不等式的左边分别引入松弛变量使不等式成为等式，从而得标准型

$$\max Z = 4x_1 + 5x_2 + 0x_3 + 0x_4 + 0x_5$$
$$\text{s.t.}\begin{cases} x_1 + x_2 + x_3 = 45 \\ 2x_1 + x_2 + x_4 = 80 \\ x_1 + 3x_2 + x_5 = 90 \\ x_1, x_2, \cdots, x_5 \geq 0 \end{cases}$$

**例1.1.4**　将下列线性规划模型化成标准型

$$\min Z = 3x_1 - x_2 + 3x_3$$
$$\text{s.t.}\begin{cases} x_1 + x_2 + x_3 \leq 6 \\ x_1 + x_2 - x_3 \geq 2 \\ -3x_1 + 2x_2 + x_3 = 5 \\ x_1, x_2 \geq 0, x_3\text{无非负约束} \end{cases}$$

**解**：通过以下四个步骤：

（1）目标函数两边乘上–1化为求最大值；

（2）以 $x_3' - x_3''$=$x_3$ 代入目标函数和所有的约束条件中，其中 $x_3' \geq 0$，$x_3'' \geq 0$；

（3）在第一个约束条件的左边加上松弛变量 $x_4$；

（4）在第二个约束变量的左边减去剩余变量 $x_5$.

于是可得到该线性规划模型的标准型

$$\max(-Z) = -3x_1 + x_2 - 3x_3' + 3x_3'' + 0x_4 + 0x_5$$
$$\text{s.t.}\begin{cases} x_1 + x_2 + x_3' - x_3'' + x_4 = 6 \\ x_1 + x_2 - x_3' + x_3'' - x_5 = 2 \\ -3x_1 + 2x_2 + x_3' - x_3'' = 5 \\ x_1, x_2, x_3', x_3'', x_4, x_5 \geq 0 \end{cases}$$

# 1.2 线性规划的单纯形法

## 1.2.1 凸集和顶点

### 1.2.1.1 凸集

对一个已知的几何图形，我们可以直观的判断它的凹凸性，但这样做一方面不严格，另一方面适应性不高．在高维空间中（大于三维的空间），点集不能用图形描述，一般用解析表达式描述，因此，我们给出凸集的数学解析式的概念．由于线性规划的可行域均为$n$维欧氏空间的子集，故这里只给出$n$维欧氏空间中凸集的定义．

**定义1.2.1** 设$D$为$n$维欧氏空间的一个点集，若$D$中任意两点$X_1$，$X_2$连线上的点也都在集合$D$内，则成$D$为凸集．其数学解析表达式如下：

任意的$X_1 \in D$，$X_2 \in D$，有$\alpha X_1 + (1-\alpha) X_2 \in D$，其中$0 < \alpha < 1$，则称$D$为凸集．

如图1–1中图（a）、（b）为凸集，图（c）、（d）不是凸集．

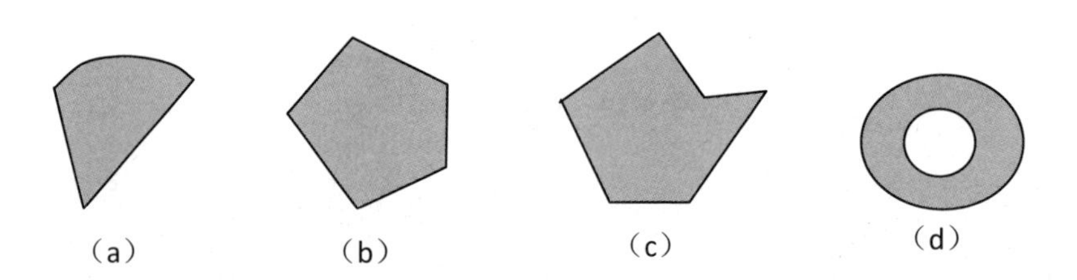


图1–1

#### 1.2.1.2　凸集的顶点

**定义1.2.2**　设$D$为$n$维欧氏空间中的一个凸集，若$D$中的点$X$满足：$X$不在$D$中任意两点的连线内，即对任意的$X_1 \in D$，$X_2 \in D$及$0<\alpha<1$，有$X \notin \alpha X_1+(1-\alpha)X_2$，则$X$为$D$的一个顶点.

三角形有三个顶点，圆有无数个顶点.

### 1.2.2　几个基本定理

**定理1.2.1**　若线性规划问题的可行域非空，则可行域为凸集.

**证明**：不失一般性，取线性规划问题为标准形

$$\max z = CX$$

$$\text{s.t.}\begin{cases} AX = b \\ X \geq 0 \end{cases}$$

则问题即为证明$D=\{X \mid AX=b, X \geq 0\}$为凸集.

对任意的$X_1 \in D$，$X_2 \in D$，有

$$\begin{cases} AX_1 = b \\ X_1 \geq 0 \end{cases}, \quad \begin{cases} AX_2 = b \\ X_2 \geq 0 \end{cases}$$

故$A(\alpha X_1+(1-\alpha)X_2)=\alpha AX_1+(1-\alpha)AX_2=\alpha b+(1-\alpha)b=b$，且当$0<\alpha<1$，显然有$\alpha X_1+(1-\alpha)X_2 \geq 0$，即$\alpha X_1+(1-\alpha)X_2 \in D$.

综上有：对任意的$X_1 \in D$，$X_2 \in D$，有$\alpha X_1+(1-\alpha)X_2 \in D$，其中$0<\alpha<1$，故$D$为凸集.

**引理1.2.1**　线性规划问题的可行解$X=(x_1,x_2,\cdots,x_n)^{\mathrm{T}}$为基可行解的充分必要条件是$X$的正分量所对应的系数列向量是线性无关的.

**证明：必要性** 由基可行解的定义显然成立.

**充分性** 不妨设向量 $\boldsymbol{P}_1,\boldsymbol{P}_2,\cdots,\boldsymbol{P}_k$ 线性无关，则必有 $k\le m$ ，当 $k=m$ 时，它们恰好构成一个基，相应对应的变量为基变量，其余变量为非基变量，此时可行解 $X=\left(x_1,x_2,\cdots,x_m,0,\cdots,0\right)^{\mathrm{T}}$ 为基可行解. 当 $k<m$ 时，从剩余的列向量中找出 $m-k$ 个与 $\boldsymbol{P}_1,\boldsymbol{P}_2,\cdots,\boldsymbol{P}_k$ 构成一个基，此时可行解 $X=\left(x_1,x_2,\cdots,x_k,0,\cdots,0\right)^{\mathrm{T}}$ 也为基可行解.

**定理1.2.2** 线性规划问题的基可行解与可行域的顶点一一对应.

**证明：**即证 $X$ 是基可行解 $\Leftrightarrow$ $X$ 是可行域的顶点

采用反证法来证明这个结论，此时结论等价于证明：$X$ 不是基可行解 $\Leftrightarrow$ $X$ 不是可行域的顶点.

**必要性** 不妨设可行解（非基可行解）$X$ 的前 $k$ 个分量为正，其余分量都为0，将 $AX=b$ 改写成向量形式得

$$\sum_{j=1}^{k}\boldsymbol{P}_j x_j=b\text{，}\qquad（1\text{–}2\text{–}1）$$

由于 $X$ 不是基可行解，由引理1.2.1知 $\boldsymbol{P}_1,\boldsymbol{P}_2,\cdots,\boldsymbol{P}_k$ 线性相关，则存在一组不全零为的数 $\lambda_i\left(i=1,2,\cdots,k\right)$，使得

$$\sum_{j=1}^{k}\boldsymbol{P}_j\lambda_j=0\qquad（1\text{–}2\text{–}2）$$

式（1–2–2）两端乘以一个不为零的数 $\mu$ 得

$$\sum_{j=1}^{k}\boldsymbol{P}_j\mu\lambda_j=0\qquad（1\text{–}2\text{–}3）$$

式（1–2–1）加上式（1–2–3）得

$$\sum_{j=1}^{k}\boldsymbol{P}_j(\mu\lambda_j+x_j)=0$$

式（1–2–1）减去式（1–2–3）得

$$\sum_{j=1}^{k} \boldsymbol{P}_j(-\mu\lambda_j + x_j) = 0$$

令

$$X^{(1)} = (x_1 + \mu\lambda_1, x_2 + \mu\lambda_2, \cdots, x_k + \mu\lambda_k, 0, \cdots 0)^{\mathrm{T}}$$

$$X^{(2)} = (x_1 - \mu\lambda_1, x_2 - \mu\lambda_2, \cdots, x_k - \mu\lambda_k, 0, \cdots 0)^{\mathrm{T}}$$

又因 $\mu$ 的任意性，可选取适当的 $\mu$ 使对所有的 $i = 1, 2, \cdots, k$ 有 $x_j \pm \mu\lambda_j \geq 0$.

显然 $X^{(1)} \in D$， $X^{(2)} \in D$， $D$ 为可行域，而 $X = X^{(1)}/2 + X^{(2)}/2$，故 $X$ 不是可行域 $D$ 的顶点.

**充分性**　不妨设可行解 $X = (x_1, x_2, \cdots, x_k, 0, \cdots, 0)$ 不是可行域的顶点，其中

$$x_j > 0(j = 1, 2, \cdots, k),$$

因此存在 $X^{(1)} \in D$， $X^{(2)} \in D$ 及 $\alpha(0 < \alpha < 1)$，有 $X = \alpha X^{(1)} + (1-\alpha) X^{(2)}$
即

$$x_j = \alpha x_j^{(1)} + (1-\alpha) x_j^{(2)}, (j = 1, 2, \cdots, n),$$

显然，当 $x_j = 0$ 时， $x_j^{(1)} = x_j^{(2)} = 0$.
故有

$$\sum_{j=1}^{k} \boldsymbol{P}_j x_j^{(1)} = b \quad (1\text{–}2\text{–}4)$$

$$\sum_{j=1}^{k} \boldsymbol{P}_j x_j^{(2)} = b \quad (1\text{–}2\text{–}5)$$

式（1–2–4）减去式（1–2–5）得

$$\sum_{j=1}^{k} \boldsymbol{P}_j (x_j^{(1)} - x_j^{(2)}) = b$$

由于 $X^{(1)} \neq X^{(2)}$，因此 $x_j^{(1)} - x_j^{(2)}$ 不全为零，故 $\boldsymbol{P}_1, \boldsymbol{P}_2, \cdots, \boldsymbol{P}_k$ 线性相关，即 $X$ 不是基可行解.

**定理1.2.3** 若线性规划问题有最优解，则一定存在一个基可行解为最优解

**证明：** 设 $X^*$ 为线性规划问题的最优解，则目标函数的最优值 $z^* = CX^*$，假设 $X^*$ 不是基可行解，由定理1.2.2知　　不是可行域的顶点，则一定能在可行域内找到通过 $X^*$ 的直线上的另外两个点 $X^* + \mu\alpha \geq 0$ 和 $X^* - \mu\alpha \geq 0$.

将这两个点代入目标函数中有

$$C\left(X^* + \mu\alpha\right) = CX^* + \mu C\alpha \text{，} \quad C\left(X^* - \mu\alpha\right) = CX^* - \mu C\alpha$$

因 $CX^*$ 为目标函数的最大值，故有

$$CX^* \geq CX^* + \mu C\alpha \text{，} \quad CX^* \geq CX^* - \mu C\alpha$$

由此得 $\mu C\alpha = 0$，即有

$$CX^* + \mu C\alpha = CX^* = CX^* - \mu C\alpha \text{ .}$$

如果或仍不是基可行解，按上面的方法继续做下去，最后一定可以找到一个基可行解，其目标函数值等于 $CX^*$.

## 1.2.3　单纯形法的计算步骤

单纯形法是求解一般线性规划问题的基本方法．其基本思路是：先找到一个基本可行解，如果不是最优解，设法转换到另一个基本可行解，并且使目标函数值不断减小，一直到找到最优解为止.

单纯形法分迭代步骤如下：

（1）初始基可行解的确定.

如果线性规划问题为标准形式，则从系数矩阵 $\boldsymbol{A}=\left(a_{ij}\right)_{m\times n}$ 中观察总可以得到一个$m$阶单位阵 $\boldsymbol{I}_m$ . 如果问题的约束条件的不等号均为“≤”，则引入$m$个松弛变量，可化为标准形，并将变量重新排序编号，即可得到一个$m$阶单位阵 $\boldsymbol{I}_m$ ；如果问题的约束条件的不等号为“≥”和“=”，则首先引入松弛变量化为标准形，再通过人工变量法总能得到一个$m$阶单位阵 $\boldsymbol{I}_m$ . 综上所述，取如上$m$阶单位阵，为初始可行基，即 $\boldsymbol{B}=\boldsymbol{I}_m$ . 将相应的约束方程转化为

$$x_i=b_i-a_{im+1}x_{m+1}-\cdots-a_{in}x_n,i=1,2,\cdots,m\ .$$

令 $x_j=0\left(j=m+1,\cdots,n\right)$ ，则可得到一个初始基可行解

$$X^0=\left(x_1^0,x_2^0,\cdots,x_m^0,0,\cdots,0\right)^{\mathrm{T}}=\left(b_1,b_2,\cdots,b_m,0,\cdots,0\right)^{\mathrm{T}}\ .$$

（2）寻找另一个基可行解.

当一个基可行解不是最优解或无法判断时，需要过渡到另一个基可行解，即凑够基可行解 $X^0=\left(x_1^0,x_2^0,\cdots,x_m^0,0,\cdots,0\right)^{\mathrm{T}}$ 对应的可行基 $\boldsymbol{B}=\left(P_1,P_2,\cdots,P_m\right)$ 中替换一个列向量，并与原向量组线性无关. 譬如用非基变量 $P_{m+t}\left(1\leq t\leq n-m\right)$ 替换基变量 $P_l\left(1\leq l\leq m\right)$ ，就可得到一个新的可行基 $\boldsymbol{B}_1=\left(P_1,P_2,\cdots,P_{l-1},P_{m+t},P_{l+1},\cdots,P_m\right)$ ，从而可以求出一个新的基可行解 $X^1=\left(x_1^1,x_2^1,\cdots,x_m^1,0,\cdots,0\right)^{\mathrm{T}}$ ，其方法称为基变换法. 事实上

$$x_i^1=\begin{cases}x_i^0-\theta\beta_{i,m+t},i\neq l\\ \theta,i=l\end{cases}\left(\begin{array}{l}i=1,2,\cdots,m\\ 1\leq l\leq m,1\leq t\leq n-m\end{array}\right)\ .$$

其中，$\theta=\dfrac{x_l^0}{\beta_{l,m+t}}=\min\limits_{1\leq i\leq m}\left\{\dfrac{x_i^0}{\beta_{i,m+t}}\middle|\beta_{i,m+t}>0\right\}$ ， $P_{m+t}=\sum\limits_{i=1}^{m}\beta_{i,m+t}P_i$ .

如果 $X^1=\left(x_1^1,x_2^1,\cdots,x_m^1,0,\cdots,0\right)^{\mathrm{T}}$ 仍不是最优解，则重复利用这种方法，直到得到最优解为止.

（3）最优性检验方法.

假设要检验基可行解 $X^1=\left(x_1^1,x_2^1,\cdots,x_m^1,0,\cdots,0\right)^{\mathrm{T}}=\left(b'_1,b'_2,\cdots,b'_m,0,\cdots,0\right)^{\mathrm{T}}$ 的最优性. 由约束方程组对任意的 $X=\left(x_1,x_2,\cdots,x_n\right)^{\mathrm{T}}$ 有

$$x_i=b'_i-\sum_{j=m+1}^{n}a'_{ij}x_j,i=1,2,\cdots,m \cdot$$

将其可行解 $X^1$ 和任意的 $X=\left(x_1,x_2,\cdots,x_n\right)^{\mathrm{T}}$ 分别代入目标函数，得

$$z^0=\sum_{i=1}^{m}c_ix_i^1=\sum_{i=1}^{m}c_ib'_i\ ,$$

$$\begin{aligned}z^1&=\sum_{i=1}^{n}c_ix_i=\sum_{i=1}^{m}c_ix_i+\sum_{i=m+1}^{n}c_ix_i\\&=\sum_{i=1}^{m}c_i\left(b'_i-\sum_{j=m+1}^{n}a'_{ij}x_j\right)+\sum_{i=m+1}^{n}c_jx_j\\&=\sum_{i=1}^{m}c_ib'_i+\sum_{i=m+1}^{n}\left(c_j-\sum_{i=1}^{m}c_ia'_{ij}\right)x_j\\&=z^0+\sum_{i=m+1}^{n}\left(c_j-z_j\right)x_j.\end{aligned}$$

其中， $z_j=\sum\limits_{i=1}^{m}c_ia'_{ij}\left(j=m+1,\cdots,n\right)$.

记 $\sigma_j=c_j-z_j\left(j=m+1,\cdots,n\right)$，则

$$z^1=z^0+\sum_{j=m+1}^{n}\sigma_jx_j\ \cdot$$

**说明：** 当 $\sigma_j>0$ 时就有 $z^1\geq z^0$；当 $\sigma_j\leq 0$ 时就有 $z^1\leq z^0$. 为此 $\sigma_j=c_j-z_j$ 的符号是判别 $X^1$ 是否为最优解的关键所在，故称之为检验数. 于是由上式可以由下面的结论：

①如果 $\sigma_j\leq 0\ \left(j=m+1,\cdots,n\right)$，则 $X^1$ 是问题的最优解，最优值为 $z^0$；

②如果 $\sigma_j\leq 0\ \left(j=m+1,\cdots,n\right)$ 且至少存在一个 $\sigma_{m+k}=0\left(1\leq k\leq n-m\right)$，则问题有无穷多个最优解， $X^1$ 是其中之一，最优值为 $z^0$；

③如果 $\sigma_j < 0\ (j = m+1,\cdots,n)$，则 $X^1$ 是问题的唯一的最优解，最优值为 $z^0$；

④如果存在某个检验数 $\sigma_{m+k} > 0(1 \le k \le n-m)$，并且对应的系数向量 $P_{m+k}$ 是的各分量 $a_{i,m+k} \le 0(i=1,2,\cdots,m)$，则问题具有无界解（即无最优解）.

### 1.2.4　修正单纯形法

单纯形法的表格具有简便的特点，但经观察分析发现，每次迭代都要把整个表格重新计算一遍，无论与迭代过程有关或无关的数值都要计算，这无形中增加了计算量. 改进单纯形法，是在单纯形法的基础上减少了很多与换基过程无关的数值计算，因此，改进单纯形法，是在计算机上解线性规划的有效方法.

对于具有 $n$ 个变量、$m$ 个等式约束的标准线性规划问题，大量的计算实践表明，单纯形法要经过 $m$ ～1.5 $m$ 次的迭代达到最优解. 当 $n$ 比 $m$ 大得多时，仅有一小部分列向量参与进基与出基的变换，而大部分列向量与换基无关. 但在单纯形法中，需要算出所有的 $a'_{ij}\left(i=1,2,\cdots,m; j=1,2,\cdots,n\right)$ 并跟着做换基运算，因而计算量和存储量大.

考虑标准线性规划问题，令 $Z = f(\mathbf{x})$，则问题有以下的约束条件

$$
\begin{cases}
-Z + c_1x_1 + c_2x_2 + \cdots + c_nx_n = 0 \\
x_{n+1} + x_{n+2} + \cdots + x_{n+1+m} = 0 \\
a_{11}x_1 + a_{12}x_2 + \cdots + a_{1n}x_n + x_{n+2} = b_1 \\
\vdots \\
a_{m1}x_1 + a_{m2}x_2 + \cdots + a_{mn}x_n + x_{n+1+m} = b_m \\
x_1, \cdots, x_n, \cdots, x_{n+1+m} \ge 0
\end{cases}
\tag{1-2-6}
$$

式（1-2-6）中，$x_{n+2},\cdots,x_{n+1+m}$ 为考虑相I求初始可行解的人工变量，而 $x_{n+1}$ 为将人工变量之和成为一约束后再加上的人工变量.

若记上述约束方程组的系数矩阵为 $\boldsymbol{A}$，则有

$$
\overline{A}=\left(\begin{array}{c:cccc:ccc:cccc}
1 & c_1 & c_2 & \cdots & c_m & c_{m+1} & \cdots & c_n & 0 & 0 & \cdots & 0 \\
0 & 0 & 0 & \cdots & 0 & 0 & \cdots & 0 & 1 & 1 & \cdots & 1 \\
\hdashline
0 & a_{11} & a_{12} & \cdots & a_{1m} & a_{1,m+1} & \cdots & a_{1n} & 0 & 1 & \cdots & 0 \\
\vdots & \vdots & \vdots & \ddots & \vdots & \vdots & \ddots & \vdots & & & \ddots & \\
0 & a_{m1} & a_{m2} & \cdots & a_{mm} & a_{m,m+1} & \cdots & a_{mn} & 0 & 0 & \cdots & 1
\end{array}\right)
$$

$$
=\left(\begin{array}{c:cccc:ccc:cccc}
1 & & C_B^T & & & c_{m+1} & \cdots & c_n & 0 & 0 & \cdots & 0 \\
0 & 0 & 0 & \cdots & 0 & 0 & \cdots & 0 & & C_M^T & & \\
\hdashline
0 & & & & & a_{1,m+1} & \cdots & a_{1n} & 0 & 1 & \cdots & 0 \\
\vdots & & B & & & \vdots & \ddots & \vdots & & \ddots & & \\
0 & & & & & a_{m,m+1} & \cdots & a_{mn} & 0 & 0 & \cdots & 1
\end{array}\right)
$$

令

$$
B_2=\left(\begin{array}{cc:c}
1 & 0 & C_B^T \\
0 & 1 & C_M^T \\
\hdashline
0 & 0 & \\
\vdots & \vdots & B \\
0 & 0 &
\end{array}\right)
$$

式中，$C_B^{\mathrm{T}}=\begin{bmatrix}c_1 & c_2 & \cdots & c_m\end{bmatrix}_{1\times m}, C_M^{\mathrm{T}}=\begin{bmatrix}1 & 1 & \cdots & 1\end{bmatrix}_{1\times m}$

$$
\boldsymbol{B}=\begin{bmatrix}
a_{11} & a_{12} & \cdots & a_{1m} \\
a_{21} & a_{22} & \cdots & a_{2m} \\
\vdots & \vdots & \ddots & \vdots \\
a_{m1} & a_{m2} & \cdots & a_{mm}
\end{bmatrix}=\begin{bmatrix}\boldsymbol{p}_1 & \boldsymbol{p}_2 & \cdots & \boldsymbol{p}_m\end{bmatrix}
$$

则对应于 $x_1,\cdots,x_n$，系数中的矩阵$\boldsymbol{A}$的列向量为

$$
\boldsymbol{p}_j=\begin{bmatrix} c_j \\ 0 \\ p_j \end{bmatrix}(j=1,2,\cdots,n)
$$

对应于式（1–2–6）的 $m+2$ 个约束的右端顶为列向量

$$\boldsymbol{b}=\begin{bmatrix}0\\0\\b\end{bmatrix}$$

对 $\boldsymbol{B}_2$ 求逆有

$$B_2^{-1}=\left(\begin{array}{cc:c}1 & 0 & -C_B^{\mathrm{T}}B^{-1}\\ 0 & 1 & -C_M^{\mathrm{T}}B^{-1}\\ \hdashline \multicolumn{2}{c:}{O} & B^{-1}\end{array}\right)$$

然后将 $\mathbf{B}_2^{-1}$ 与 $\mathbf{p}_j\ (j=1,2,\cdots,n)$ 相乘，得

$$B_2^{-1}\overline{\boldsymbol{p}_j}=\left(\begin{array}{cc:c}1 & 0 & -C_B^{\mathrm{T}}B^{-1}\\ 0 & 1 & -C_M^{\mathrm{T}}B^{-1}\\ \hdashline \multicolumn{2}{c:}{0} & B^{-1}\end{array}\right)\begin{pmatrix}c_j\\0\\\boldsymbol{p}_j\end{pmatrix}=\begin{pmatrix}c_j-C_B^{\mathrm{T}}B^{-1}\boldsymbol{p}_j\\0-C_M^{\mathrm{T}}B^{-1}\boldsymbol{p}_j\\ \hdashline B^{-1}\boldsymbol{p}_j\end{pmatrix}(j=1,2,\cdots,n)\quad(1\text{–}2\text{–}7)$$

若记 $\boldsymbol{p}_j'=\boldsymbol{B}_2^{-1}\boldsymbol{p}_j$，因为 $\boldsymbol{B}^{-1}\left[\boldsymbol{p}_1\ \ \cdots\ \ \boldsymbol{p}_n\right]=\boldsymbol{p}_1',\cdots,\boldsymbol{p}_m',\boldsymbol{p}_{m+1}',\cdots,\boldsymbol{p}_n''$，所以

$$c_j-C_B^{\mathrm{T}}\boldsymbol{B}^{-1}\boldsymbol{p}_j=c_j-C_B^{\mathrm{T}}\boldsymbol{p}_j=c_j-\sum_{i=1}^{m}c_i a_{ij}'=\sigma_j\left(j=1,2,\cdots,n\right)$$

是对应于原目标函数的判别数．而

$$0-C_M^{\mathrm{T}}\boldsymbol{B}^{-1}\boldsymbol{p}_j=c_j^M-C_M^{\mathrm{T}}\boldsymbol{p}_j'=-\sum_{i=1}^{m}a_{ij}'=\sigma_j^M\left(j=1,2,\cdots,n\right)$$

是对应于I问题目标函数的判别数.

因此，式（1–2–7）可以表达为

$$\boldsymbol{B}_2^{-1}\boldsymbol{p}_j=\begin{bmatrix}\sigma_j\\\sigma_j^M\\\boldsymbol{p}_j'\end{bmatrix}$$

由此可见：

①用 $\boldsymbol{B}_2^{-1}$ 的第一行乘以 $\boldsymbol{p}_j$ 可求得相Ⅱ问题的判别数.

②用 $\boldsymbol{B}_2^{-1}$ 的第二行乘以 $\boldsymbol{p}_j$ 可求得相I问题的判别数.

③用 $\boldsymbol{B}_2^{-1}$ 的其余各行乘以 $\boldsymbol{p}_j$ 可求得 $\boldsymbol{p}_j'$.

另一方面，因为

$$\boldsymbol{B}_2^{-1}\boldsymbol{b}=\left(\begin{array}{cc:c} 1 & 0 & -C_B^{\mathrm{T}}B^{-1} \\ 0 & 1 & -C_M^{\mathrm{T}}B^{-1} \\ \hdashline \multicolumn{2}{c:}{0} & B^{-1} \end{array}\right)\begin{pmatrix} 0 \\ 0 \\ \boldsymbol{b} \end{pmatrix}=\left(\begin{array}{c} -C_B^{\mathrm{T}}B^{-1}\boldsymbol{b} \\ -C_M^{\mathrm{T}}B^{-1}\boldsymbol{b} \\ \hdashline B^{-1}\boldsymbol{b} \end{array}\right)=\left(\begin{array}{c} -Z \\ -Z^M \\ \hdashline \boldsymbol{b}' \end{array}\right)$$

由此可见：

①用 $\boldsymbol{B}_2^{-1}$ 的第一行乘以 $\boldsymbol{b}$ 可求得相Ⅱ问题对应于基本可行解的目标函数值.

②用 $\boldsymbol{B}_2^{-1}$ 的第二行乘以 $\boldsymbol{b}$ 可求得相I问题对应于基本可行解的目标函数值.

③用 $\boldsymbol{B}_2^{-1}$ 的其余各行乘以 $\boldsymbol{b}$ 可求得 $\boldsymbol{b}'$，即可求得基本可行解．因此，可依次利用单纯形法的步骤分别对相I和相Ⅱ问题求解．显然，在运算中要用到 $\boldsymbol{B}^{-1}$，故现在的一个关键问题是如何在换基后求得 $\widetilde{\boldsymbol{B}}^{-1}$.

换基后的 $\widetilde{\boldsymbol{B}}^{-1}$ 可由换基前的 $\boldsymbol{B}^{-1}$ 求得，令

$$\widetilde{\boldsymbol{B}}^{-1}=\left[\widetilde{\beta}_{ij}\right](i=1,2,\cdots,m;j=1,2,\cdots m)$$

$$\boldsymbol{B}^{-1}=\left[\beta_{ij}\right](i=1,2,\cdots,m;j=1,2,\cdots m)$$

则有

$$\begin{bmatrix} \widetilde{\beta}_{11} & \widetilde{\beta}_{12} & \cdots & \widetilde{\beta}_{1k} & \cdots & \widetilde{\beta}_{1m} \\ \widetilde{\beta}_{21} & \widetilde{\beta}_{22} & \cdots & \widetilde{\beta}_{2k} & \cdots & \widetilde{\beta}_{2m} \\ \vdots & \vdots & & \vdots & & \vdots \\ \widetilde{\beta}_{l1} & \widetilde{\beta}_{l2} & \cdots & \widetilde{\beta}_{lk} & \cdots & \widetilde{\beta}_{lm} \\ \vdots & \vdots & & \vdots & & \vdots \\ \widetilde{\beta}_{m1} & \widetilde{\beta}_{m2} & \cdots & \widetilde{\beta}_{mk} & \cdots & \widetilde{\beta}_{mm} \end{bmatrix}=\begin{bmatrix} 1 & 0 & \cdots & -\dfrac{a_{1k}'}{a_{lk}'} & 0 & 0 \\ & \ddots & 0 & -\dfrac{a_{2k}'}{a_{lk}'} & 0 & 0 \\ & & 1 & \vdots & \vdots & \vdots \\ & & & -\dfrac{1}{a_{lk}'} & 0 & 0 \\ 0 & & & \vdots & \ddots & \vdots \\ & & & -\dfrac{a_{mk}'}{a_{lk}'} & 0 & 1 \end{bmatrix}\begin{bmatrix} \beta_{11} & \beta_{12} & \cdots & \beta_{1k} & \cdots & \beta_{1m} \\ \beta_{21} & \beta_{22} & \cdots & \beta_{2k} & \cdots & \beta_{2m} \\ \vdots & \vdots & & \vdots & & \vdots \\ \beta_{l1} & \beta_{l2} & \cdots & \beta_{lk} & \cdots & \beta_{m} \\ \vdots & \vdots & & \vdots & & \vdots \\ \beta_{m1} & \beta_{m2} & \cdots & \beta_{mk} & & \beta_{mm} \end{bmatrix}$$

即

$$\begin{cases} \widetilde{\beta}_{ij} = \beta_{ij} - \dfrac{a'_{ik}}{a'_{lk}} \beta_{lj} \left( i, j = 1, 2, \cdots, m; i \neq l \right) \\ \widetilde{\beta}_{lj} = \dfrac{a'_{lj}}{a'_{lk}} \left( j = 1, 2, \cdots, m \right) \end{cases}$$

若令

$$\boldsymbol{E}_r = \begin{bmatrix} 1 & 0 & \cdots & -\dfrac{a'_{1k}}{a'_{lk}} & 0 & 0 \\ & \ddots & 0 & -\dfrac{a'_{2k}}{a'_{lk}} & 0 & 0 \\ & & 1 & \vdots & \vdots & \vdots \\ & & & \dfrac{1}{a'_{lk}} & 0 & 0 \\ & & & \vdots & \ddots & \vdots \\ & & & -\dfrac{a'_{mk}}{a'_{lk}} & 0 & 1 \end{bmatrix}$$

则$\widetilde{\boldsymbol{B}}^{-1}$与$\boldsymbol{B}^{-1}$的关系可表示为下列矩阵形式

$$\widetilde{\boldsymbol{B}}^{-1} = \boldsymbol{E}_r \boldsymbol{B}^{-1}$$

下面对以上关系式进行证明.

**证明：** 因为 $\boldsymbol{B}^{-1}\boldsymbol{B} = \boldsymbol{B}^{-1}\left[\boldsymbol{p}_1 \quad \cdots \quad \boldsymbol{p}_l \quad \cdots \quad \boldsymbol{p}_m\right] = 1$，所以

$$\boldsymbol{B}^{-1}\boldsymbol{p}_1 = \begin{bmatrix} 1 \\ 0 \\ \vdots \\ 0 \\ 0 \end{bmatrix}, \boldsymbol{B}^{-1}\boldsymbol{p}_2 = \begin{bmatrix} 0 \\ 1 \\ \vdots \\ 0 \\ 0 \end{bmatrix}, \cdots, \boldsymbol{B}^{-1}\boldsymbol{p}_m = \begin{bmatrix} 0 \\ 0 \\ \vdots \\ 0 \\ 1 \end{bmatrix} \tag{1-2-8}$$

而

$$\boldsymbol{B}^{-1}\widetilde{\boldsymbol{B}}=\boldsymbol{B}^{-1}\left[\boldsymbol{p}_1 \quad \cdots \quad \boldsymbol{p}_k \quad \cdots \quad \boldsymbol{p}_m\right]=\left[\boldsymbol{B}^{-1}\boldsymbol{p}_1 \quad \cdots \quad \boldsymbol{B}^{-1}\boldsymbol{p}_k \quad \cdots \quad \boldsymbol{B}^{-1}\boldsymbol{p}_m\right] \tag{1-2-9}$$

将式（1–2–8）带入式（1–2–9），得

$$\boldsymbol{B}^{-1}\widetilde{\boldsymbol{B}}=\begin{bmatrix} 1 & & & a'_{1k} & 0 & 0 \\ & 1 & & a'_{2k} & 0 & 0 \\ & & \ddots & \vdots & \vdots & \vdots \\ & & & a'_{lk} & 0 & 0 \\ & 0 & & \vdots & \ddots & \vdots \\ & & & a'_{mk} & 0 & 1 \end{bmatrix} \tag{1-2-10}$$

对式（1–2–10）求逆，得

$$\left(\boldsymbol{B}^{-1}\widetilde{\boldsymbol{B}}\right)^{-1}=\widetilde{\boldsymbol{B}}^{-1}\boldsymbol{B}=\begin{bmatrix} 1 & & & -\dfrac{a'_{1k}}{a'_{lk}} & 0 & 0 \\ & 1 & & -\dfrac{a'_{2k}}{a'_{lk}} & 0 & 0 \\ & & \ddots & \vdots & \vdots & \vdots \\ & & & \dfrac{1}{a'_{lk}} & 0 & 0 \\ & 0 & & \vdots & \ddots & \vdots \\ & & & -\dfrac{a'_{mk}}{a'_{lk}} & 0 & 1 \end{bmatrix} \tag{1-2-11}$$

故有

$$\widetilde{\boldsymbol{B}}^{-1}=\boldsymbol{E}_r\boldsymbol{B}$$

得证.

在上述计算的基础上，总结修正单纯形法的步骤如下：

### 1.2.4.1 求相I的初始可行解

令 $x_{n+i}\left(i=2,\cdots,m+1\right)$ 为基本变量，则　中的 $\boldsymbol{B}=\mathbf{I}$（单位矩阵），即有

$$B_2=\left(\begin{array}{cc|cccc}1&0&0&0&\cdots&0\\0&1&1&1&\cdots&1\\\hline &&1&&&O\\0&&&1&&\\&&O&&\ddots&\\&&&&&1\end{array}\right)\qquad B_2^{-1}=\left(\begin{array}{cc|cccc}1&0&0&0&\cdots&0\\0&1&-1&-1&\cdots&-1\\\hline &&1&&&O\\O&&&1&&\\&&O&&\ddots&\\&&&&&1\end{array}\right)$$

并可由 $\boldsymbol{B}^{-1}\boldsymbol{b}=\boldsymbol{b}$ 求得 $\mathbf{x}_M=\boldsymbol{b}\geq 0$ 为相I的初始基本可行解.

### 1.2.4.2 求相I的最优解

以 $\boldsymbol{B}_2^{-1}$ 的第二行乘以 $\boldsymbol{p}_j$ 得判别数 $\sigma_j^M$，若 $\sigma_j^M\geq 0$，且 $Z^M=0$ 则转相Ⅱ（即所有的人工变量均为零）；若 $\sigma_j^M\geq 0$，但是 $Z^M>0$，则相Ⅱ无可行解；若 $\sigma_j^M\leq 0$，则令 $\sigma_j^M=\min\left\{\sigma_j^M\left|\sigma_j^M<0;j=1,\cdots,n\right.\right\}$，定出主元列号$k$，计算 $\boldsymbol{p}_k'=\boldsymbol{B}_2^{-1}\boldsymbol{p}_k$ 与 $\dfrac{b_i'}{a_{ik}'}$. 并取 $\theta_l=\dfrac{b_l'}{a_{lk}'}=\min\left\{\dfrac{b_i'}{a_{ik}'}\left|a_{ik}'>0\right.\right\}$ 定出主元行号 $l$，并得到主元 $a_{lk}'$.

有了主元 $a_{lk}'$，则可按规律进行转轴运算求得新的$\boldsymbol{Z}$或$\boldsymbol{Z}^{\boldsymbol{M}}$，求得新的 $\boldsymbol{b}'$ 和 $\boldsymbol{B}_2^{-1}$. 并重复这一过程，直到找到最优解，并且最优解中无人工变量.

### 1.2.4.3 求相Ⅱ的最优解

将 $\boldsymbol{B}_2^{-1}$ 的第一行代替第二行进行上述与相I相同的运算步骤2，即可求解相Ⅱ问题. 修正单纯形法的计算框图如图1–2所示.

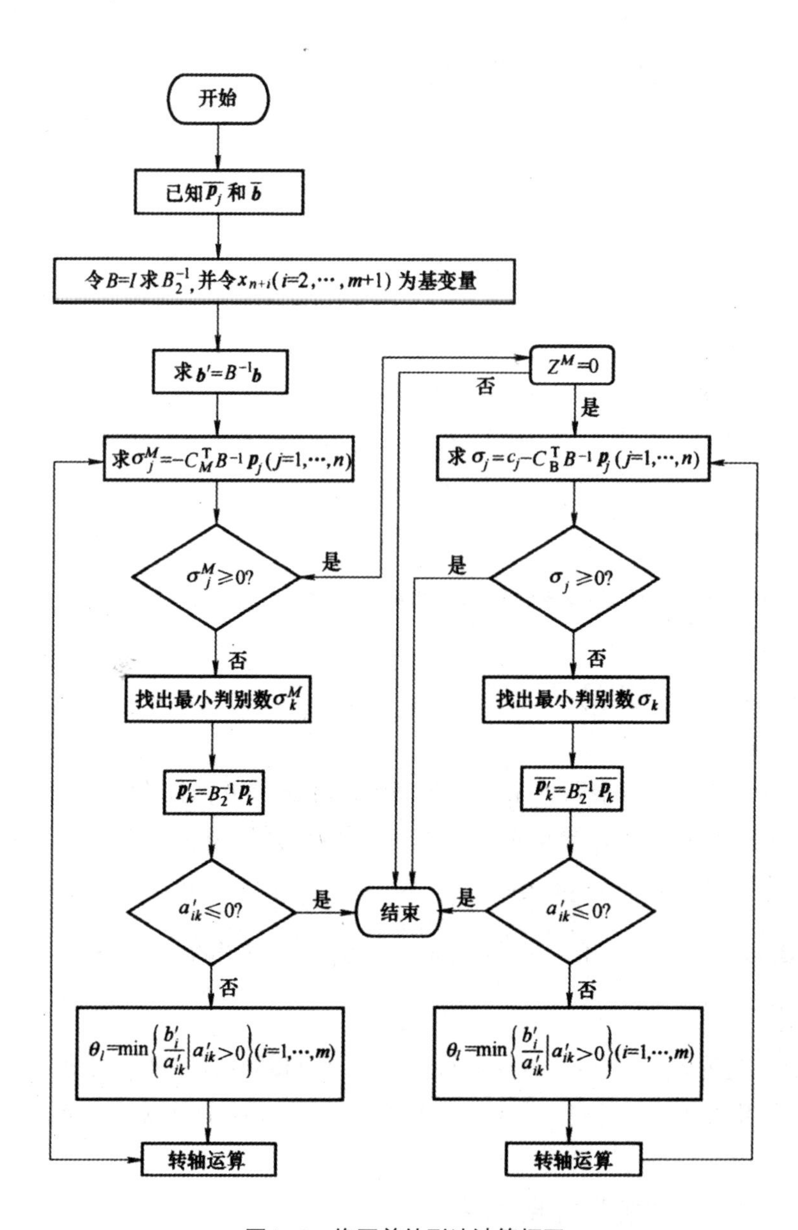


图1-2 修正单纯形法计算框图

# 1.3　线性规划的矩阵形式

线性规划问题由向量和矩阵符号表示为

$$\max(\min) Z = \boldsymbol{CX}$$

$$\text{s.t.}\begin{cases}\sum_{j=1}^{n}\boldsymbol{P}_j x_j \le (=,\ge)\boldsymbol{b}\\ x_j \ge 0, j=1,2,\cdots,n\end{cases}$$

其中向量和矩阵分别为

$$\boldsymbol{C}=(c_1,c_2,\cdots,c_n)\ ;$$

$$\boldsymbol{X}=\begin{bmatrix}x_1\\x_2\\\vdots\\x_n\end{bmatrix}\ ;\ \boldsymbol{P}_j=\begin{bmatrix}a_{1j}\\a_{2j}\\\vdots\\a_{mj}\end{bmatrix}\ ;\ \boldsymbol{b}=\begin{bmatrix}b_1\\b_2\\\vdots\\b_m\end{bmatrix}$$

向量 $\boldsymbol{P}_j$ 对应的决策变量是 $x_j$ .

线性规划问题由矩阵表示为

$$\max(\min) Z = \boldsymbol{CX}$$

$$\text{s.t.}\begin{cases}\boldsymbol{AX} \le (=,\ge)\boldsymbol{b}\\ \boldsymbol{X} \ge 0\end{cases}$$

其中

$$
\boldsymbol{A}=\begin{bmatrix} a_{11} & a_{12} & \cdots & a_{1n} \\ a_{21} & a_{22} & \cdots & a_{2n} \\ \vdots & \vdots & & \vdots \\ a_{m1} & a_{m2} & \cdots & a_{mn} \end{bmatrix}=\left(\boldsymbol{P}_1,\boldsymbol{P}_2,\cdots,\boldsymbol{P}_n\right)
$$

$$
\boldsymbol{0}=\begin{bmatrix} 0 \\ 0 \\ \vdots \\ 0 \end{bmatrix}
$$

称以下线性规划的形式为标准形式

$$
\max \quad Z=\sum_{j=1}^{n}\boldsymbol{c}_j x_j
$$

$$
\text{s.t.}\begin{cases} \sum_{j=1}^{n} a_{ij}x_j = b_i, i=1,2,\cdots,m \\ x_j \geq 0, j=1,2,\cdots,n \end{cases}
$$

# 1.4 线性规划的对偶理论

## 1.4.1 对偶原理

线性规划的一个重要特点就是，在形式上可以形成一对对称问题．即对于每一个线性规划问题总存在与它“对偶”的线性规划问题．接下来，我们进行简要的讨论．

若已知线性规划

$$\min \quad Z = \boldsymbol{CX},$$
$$\text{s.t.}\begin{cases} \boldsymbol{AX} \geq \text{b} \\ \boldsymbol{X} \geq 0 \end{cases} \tag{1-4-1}$$

其中，

$$\boldsymbol{A} = \begin{pmatrix} a_{11} & a_{12} & \cdots & a_{1n} \\ a_{21} & a_{22} & \cdots & a_{2n} \\ \vdots & \vdots & & \vdots \\ a_{m1} & a_{m2} & \cdots & a_{mn} \end{pmatrix},\ \boldsymbol{X} = \begin{pmatrix} x_1 \\ x_2 \\ \vdots \\ x_n \end{pmatrix},\ \boldsymbol{C} = \begin{pmatrix} c_1 \\ c_2 \\ \vdots \\ c_n \end{pmatrix}^{\mathrm{T}},\ \boldsymbol{b} = \begin{pmatrix} b_1 \\ b_2 \\ \vdots \\ b_m \end{pmatrix}.$$

则称，线性规划

$$\max \quad Z = \text{Yb},$$
$$\text{s.t.}\begin{cases} \boldsymbol{YA} \leq \boldsymbol{C} \\ \boldsymbol{Y} \geq 0 \end{cases}, \tag{1-4-2}$$

其中，$Y = (y_1, y_2, \cdots, y_m)$.
为其对偶线性规划问题.

由线性规划（1–4–1）来构建线性规划（1–4–2）一般遵循以下规则

（1）原问题的一个约束条件，对应着一个对偶变量（$\boldsymbol{C}$与$\boldsymbol{X}$及$\boldsymbol{b}$与$\boldsymbol{Y}$分别维数相同）;

（2）原问题若是最小化，则对偶问题就是最大化；

（3）最小化问题的约束是“≥”形不等式，而最大化问题的约束是“≤”形不等式；

（4）原问题约束条件的常数项是对偶问题目标函数的系数；

（5）两个问题的变量都有非负约束.

也可通过表1–3来反映两个问题之间的关系.

表1-3

| min / max | $c_1$ | $c_2$ | $\cdots$ | $c_n$ | $\geq$ |
|---|---|---|---|---|---|
| $b_1$ | $a_{11}$ | $a_{12}$ | $\cdots$ | $a_{1n}$ | $y_1$ |
| $b_2$ | $a_{21}$ | $a_{22}$ | $\cdots$ | $a_{2n}$ | $y_2$ |
| $\vdots$ | $\vdots$ | $\vdots$ | | $\vdots$ | $\vdots$ |
| $b_m$ | $a_{m1}$ | $a_{m2}$ | $\cdots$ | $a_{mn}$ | $y_n$ |
| $\leq$ | $x_1$ | $x_2$ | $\cdots$ | $x_n$ | $\geq 0$ |

## 1.4.2 对偶单纯形法

**定理1.4.1** 若 $\boldsymbol{X}^0$ 是线性规划

$$\min \quad Z = \boldsymbol{CX},$$
$$\text{s.t.}\begin{cases} \boldsymbol{AX} \geq \mathrm{b} \\ \boldsymbol{X} \geq 0 \end{cases}$$

的一个基本可行解，对应的基矩阵为$\boldsymbol{B}$，取$\boldsymbol{Y}^0 = \boldsymbol{C}_{\mathrm{B}}\boldsymbol{B}^{-1}$.
若$\boldsymbol{Y}^0$是线性规划

$$\min \quad Z = \boldsymbol{CX},$$
$$\text{s.t.}\begin{cases} \boldsymbol{AX} \geq \mathrm{b} \\ \boldsymbol{X} \geq 0 \end{cases}$$

的对偶线性规划的可行解．那么$\boldsymbol{X}^0$，$\boldsymbol{Y}^0$分别是对应线性规划的最优解．

证明略．

通过该定理，我们可以知道，如果在用单纯形法求线性规划过程中引入对偶原理，可以使问题变得简单，我们把这种方法叫做对偶单纯形法．对偶单纯形法的一般步骤总结如下：

（1）将所给的线性规划问题化为线性规划的标准形，并写出相应的对偶问题.

（2）检验是否得到最优解，即检验数据 $\left(\boldsymbol{B}^{-1}\boldsymbol{b}\right)_i\ (i=1,2,\cdots,m)$ 和检验数 $\lambda_j\ (j=m+1,m+2,\cdots,n)$ 的正负性．如果 $\left(\boldsymbol{B}^{-1}\boldsymbol{b}\right)_i \geq 0,\lambda_j \leq 0$，则已得到最优解，停止计算；如果存在 $\left(\boldsymbol{B}^{-1}\boldsymbol{b}\right)_i < 0,\lambda_j \leq 0$，则仍然需要进一步转化.

（3）确定离基变量，即方程

$$\min\left\{\left(\boldsymbol{B}^{-1}\boldsymbol{b}\right)_i \middle| \left(\boldsymbol{B}^{-1}\boldsymbol{b}\right)_i < 0\right\} = \left(\boldsymbol{B}^{-1}\boldsymbol{b}\right)_l$$

对应的基变量 $x_l\ (1 \leq l \leq m)$ 为离基变量.

（4）确定进基变量，即，检查 $x_l\ (1 \leq l \leq m)$ 所在的行的各系数 $a_{lj}\ (j=1,2,\cdots,n)$ 的正负性，如果 $a_{lj}\ (j=1,2,\cdots,n) \geq 0$，则问题无可行解，停止计算；

如果至少存在一个 $a_{lj} < 0$，则计算

$$\theta = \min\left\{\frac{\lambda_j}{a_{lj}} \middle| a_{lj} < 0\right\} = \frac{\lambda_k}{a_{lk}} (m+1 \leq k \leq n),$$

则，对应的非基变量 $x_k$ 为进基变量.

（5）以 $a_{lk}$ 为主元，用初等变换法，将单纯形表中的　列元素与 $l$ 列元对换就得到了新的单纯形表.

重复上面的（2）~（5）的步骤，直到得到最优解为止.

## 1.5 运输问题

设有某种物资（如煤炭）共有$m$个产地$A_1,A_2,\cdots,A_m$，其产量分别为$a_1,a_2,\cdots,a_m$，另有$n$个销地$B_1,B_2,\cdots,B_n$，其销量分别为$b_1,b_2,\cdots,b_n$．已知由产地$A_i\left(i=1,2,\cdots,m\right)$运往销地$B_j\left(j=1,2,\cdots,n\right)$的单位运价为$c_{ij}$，其数据列入表1-4，问应如何调运，才能使总运费最省？

表1-4

| 单位运价 销地 产地 | $B_1$ | $B_2$ | … | $B_n$ | 产量 |
| --- | --- | --- | --- | --- | --- |
| $A_1$ | $x_{11}c_{11}$ | $x_{12}c_{12}$ | … | $x_{1n}c_{1n}$ | $a_1$ |
| $A_2$ | $x_{21}c_{21}$ | $x_{22}c_{22}$ | … | $x_{2n}c_{2n}$ | $a_2$ |
| ⋮ | ⋮ | ⋮ | | ⋮ | ⋮ |
| $A_m$ | $x_{m1}c_{m1}$ | $x_{m2}c_{m2}$ | … | $x_{mn}c_{mn}$ | $a_m$ |
| 销量 | $b_1$ | $b_2$ | … | $b_n$ | |

设$x_{ij}$ $\left(i=1,2,\cdots,m;j=1,2,\cdots,n\right)$表示由产地$A_i$运往销地$B_j$的运量，则当产销平衡（即$\sum_{i=1}^{m}a_i=\sum_{j=1}^{n}b_j$）时，其数学模型为

$$\min\ Z=\sum_{i=1}^{m}\sum_{j=1}^{n}c_{ij}x_{ij}$$

$$\text{s.t.}\begin{cases}\sum_{j=1}^{n}x_{ij}=a_i,\ i=1,2,\cdots,m\\ \sum_{i=1}^{m}x_{ij}=b_j,\ j=1,2,\cdots,n\\ x_{ij}\ge 0,i=1,2,\cdots,m;j=1,2,\cdots,n\end{cases}\tag{1-5-1}$$

当产大于销（即$\sum_{i=1}^{m}a_i>\sum_{j=1}^{n}b_j$）时，其数学模型为

$$\min\ Z=\sum_{i=1}^{m}\sum_{j=1}^{n}c_{ij}x_{ij}$$

$$\text{s.t.}\begin{cases}\sum_{j=1}^{n}x_{ij}\le a_i,\ i=1,2,\cdots,m\\ \sum_{i=1}^{m}x_{ij}=b_j,\ j=1,2,\cdots,n\\ x_{ij}\ge 0,\ i=1,2,\cdots,m;j=1,2,\cdots,n\end{cases}\tag{1-5-2}$$

当产小于销（即$\sum_{i=1}^{m}a_i<\sum_{j=1}^{n}b_j$）时，其数学模型为

$$\min\ Z=\sum_{i=1}^{m}\sum_{j=1}^{n}c_{ij}x_{ij}$$

$$\text{s.t.}\begin{cases}\sum_{j=1}^{n}x_{ij}=a_i,i=1,2,\cdots,m\\ \sum_{i=1}^{m}x_{ij}\le b_j,\ j=1,2,\cdots,n\\ x_{ij}\ge 0,\ i=1,2,\cdots,m;j=1,2,\cdots,n\end{cases}\tag{1-5-3}$$

并假设$a_i\ge 0,b_j\ge 0,c_{ij}\ge 0\left(i=1,2,\cdots,m;j=1,2,\cdots,n\right)$.

**定理1.5.1** 平衡运输问题[式（1–5–1）]必有可行解，也必有最优解.

**证明：** 设$\sum_{i=1}^{m} a_i = \sum_{j=1}^{n} b_j = Q$，取

$$x_{ij} = \frac{a_i b_j}{Q} \quad (i = 1,2,\cdots,m; j = 1,2,\cdots,n)$$

则显然有

$$x_{ij} \geq 0 \quad (i = 1,2,\cdots,m; j = 1,2,\cdots,n)$$

又

$$\sum_{j=1}^{n} x_{ij} = \sum_{j=1}^{n} \frac{a_i b_j}{Q} = \frac{a_i}{Q} \sum_{j=1}^{n} b_j = a_i \quad (i = 1,2,\cdots,m)$$

$$\sum_{i=1}^{m} x_{ij} = \sum_{i=1}^{m} \frac{a_i b_j}{Q} = \frac{b_j}{Q} \sum_{j=1}^{n} a_i = b_j \quad (j = 1,2,\cdots,n) \tag{1-5-4}$$

所以式（1–5–4）是运输问题[式（1–5–1）]的一个可行解.

又因为$c_{ij} \geq 0 (i = 1,2,\cdots,m; j = 1,2,\cdots,n)$，故对于任意一个可行解$\{x_{ij}\}$，问题的目标函数值都不会为负数，即目标函数值有下界零. 对于求极小值问题，目标函数值有下界，则必有最优解. 证毕.

**定理1.5.2** 运输问题[式（1–5–1）]的约束方程系数矩阵$\boldsymbol{A}$和增广矩阵$\overline{\boldsymbol{A}}$的秩相等，且等于$m+n-1$.

**证明：** 假设$m,n \geq 2$，则有$m+n \leq mn$，于是$\overline{\boldsymbol{A}}$的秩$\leq m+n$. 又由平衡条件可知，$\overline{\boldsymbol{A}}$的前$m$行之和应等于后$n$行之和，因此，$\overline{\boldsymbol{A}}$的行是线性梗差的，故必有$\overline{\boldsymbol{A}}$的秩$< m+n$.

其次，证明石中至少存在一个$m+n-1$阶的非奇异方阵$\boldsymbol{B}$. 事实上，我们可以按下列方式选一个$m+n-1$阶的子方阵$\boldsymbol{B}$，使得

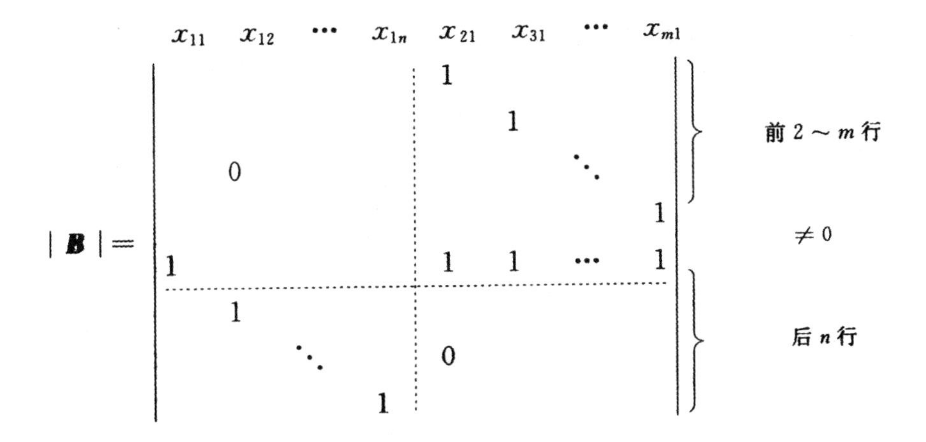

由此可知，$\overline{A}$ 的秩恰为 $m+n-1$，又由于$\boldsymbol{B}$事实上是包含在$\boldsymbol{A}$中的，故$\boldsymbol{A}$的秩也等于 $m+n-1$. 证毕. 这也再一次证明运输问题是有解的.

由于$\boldsymbol{A}$与$\overline{A}$的秩都是 $m+n-1$，因此在问题[式（1-5-1）]的约束方程组中，只有 $m+n-1$ 是独立的，可以证明，去掉其中任何一个方程，剩下的 $m+n-1$ 个方程都是独立的.

## 1.6　运用WinQSB求解线性规划问题

QSB是Quantitative Systems for Business的缩写，WinQSB是QSB在windows操作系统下运行的版本，WinQSB是一种含有大量运筹学模型的教学软件，该软件可应用于求解和计算运筹学中非大型问题.

安装WinQSB软件后，在系统程序中自动生成WinQSB应用程序，WinQSB共有19个子程序，分别用于解决运筹学不同方面的问题，用户可根据不同的问题选择子程序.

求解线性规划问题采用子程序" Linear and Integer Programming". 下面结合例题介绍WinQSB求解线性规划问题的操作步骤及应用.

**例1.6.1** 用WinQSB求解下列线性规划问题

$$\min z = 1000x_1 + 3000x_2$$
$$\text{s.t.}\begin{cases}100x_1 + 200x_2 \ge 12000\\300x_1 + 400x_2 \ge 20000\\200x_1 + 100x_2 \ge 15000\\x_1, x_2 \ge 0\end{cases}$$

**解**：WinQSB软件求解的线性规划问题不必化为标准型，约束不等式可以在输入数据—互接输入，对于单个决策变量的约束，例如非负约束或无约束等，可以直接通过修改系统变量类型即可（≥，≤和=通过鼠标点击切换）.

第一步：启动子程序“Linear and Intcger Programming”

点击“开始”—“程序”—“WinQSB”—“Linear and Integer Programming”，如图1-3所示.

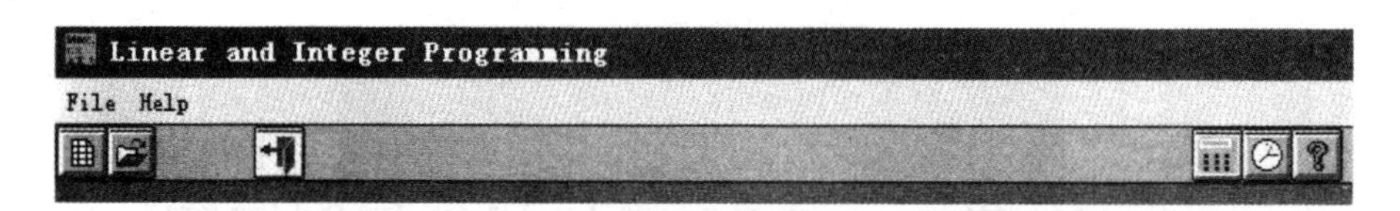


图1-3 Linear and Integer Programming窗口

第二步：建立新问题.

如图1-4所示，选择“File”—“New Program”. 出现如图1-5所示问题选项输入寻面.

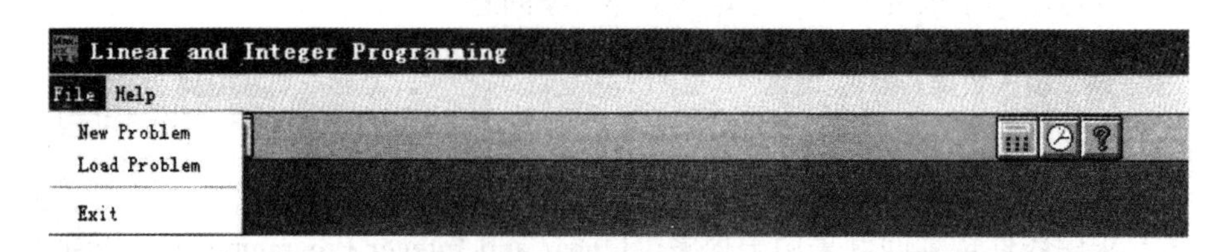


图1-4 建立新问题

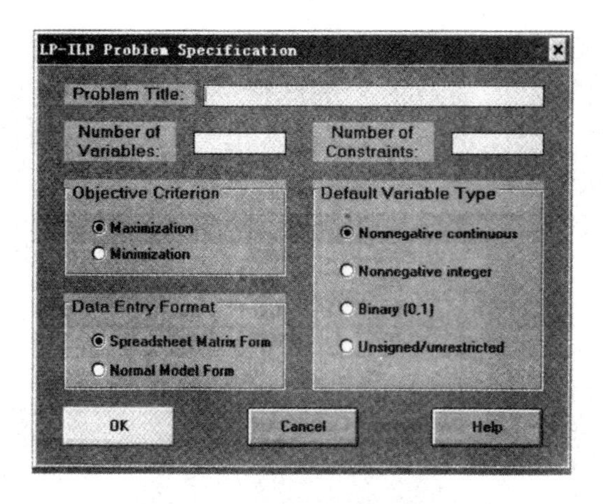


图1-5　问题选项输入窗口

问题题头（Problem Title）：没有可不输入.

决策变量数（Number of Variables）：本例中有两个决策变量，填入2；

约束条件数（Number of Constraints）：本例中不计非负约束共有3个约束条件，填入3；

目标函数准则（Objective Criterion）：本例目标函数选最小化（Minimization）；

数据输入格式（Data Entry Format）：一般选择矩阵式电子表格式（Spreadsheet Matrix Form），另一个选项为自由格式输入标准模式（Normal Model Form）；

变量类型（Default Variable Type）：一共有以下四个选项.

（1）非负连续变量选择第1个单选按钮（Nonnegative continuous）；

（2）非负整型变量选择第2个单选按钮（Nonnegative integer）；

（3）二进制变量选择第3个按钮（Binary[0，1]）；

（4）自由变量选择第4个按钮（Unsigned/unrestricted）.

如图1-6所示，本例中选非负连续变量.

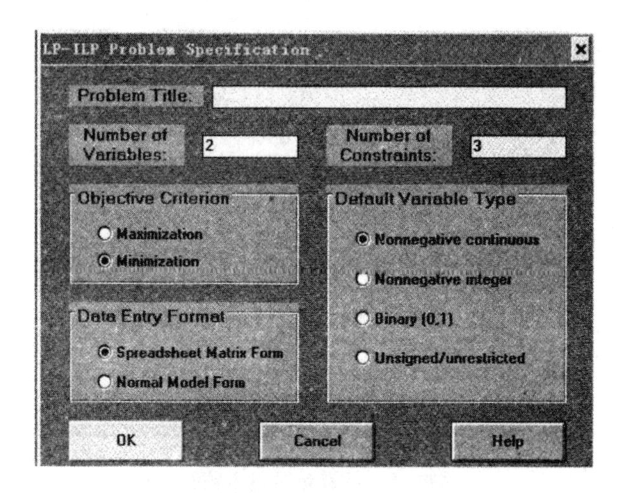


图1–6　变量类型（Default Variable Type）

第三步：输入数据，点击“0K”，见图1–7.

| Variable --> | X1 | X2 | Direction | R. H. S. |
|---|---|---|---|---|
| Minimize | | | | |
| C1 | | | >= | |
| C2 | | | >= | |
| C3 | | | >= | |
| LowerBound | 0 | 0 | | |
| UpperBound | M | M | | |
| VariableType | Continuous | Continuous | | |

图1–7　输入数据，点击“0K”

生成表格并输入数据，见图1–8.

| Variable --> | X1 | X2 | Direction | R. H. S. |
|---|---|---|---|---|
| Minimize | 4000 | 3000 | | |
| C1 | 100 | 200 | >= | 12000 |
| C2 | 300 | 400 | >= | 20000 |
| C3 | 200 | 100 | >= | 15000 |
| LowerBound | 0 | 0 | | |
| UpperBound | M | M | | |
| VariableType | Continuous | Continuous | | |

图1–8　生成表格并输入数据

系统默认变量名为 $X_1,X_2,\cdots,X_n$ ，约束条件名为 $C_1,C_2,\cdots,C_n$

在表中第1列输入价值系数；第2～3列 $X_1,X_2$ 列对应输入约束方程系数，“Direction”.

列输入约束符，“R. H. S”列输入右端项；第6行输入变量下限，第7行由于之前选择变量类型为非负连续变量，因此默认变量下限为0，变量上限为M，这里M表示正无穷大；第8行为变量类型，可以通过双击修改.

第四步：求解. 点击“Solve and Analyze”菜单，下拉菜单中有三个选项：求解并显示迭代过程“Solve the problem”、求解并显示迭代过程“Solve and Display Steps”及图解法“Graphic Method”显示单纯形法迭代步骤，选择“Simplex Iteration”直到最终单纯形表.

若选择“Solve the Problem”，显示如图1-9所示.

图1-9　选择“Solve the Problem”显示图

点确定，生成如图1-10所示运行结果.

| 22:34:45 | | Friday | March | 10 | 2017 | | |
|---|---|---|---|---|---|---|---|
| Decision Variable | Solution Value | Unit Cost or Profit c(j) | Total Contribution | Reduced Cost | Basis Status | Allowable Min. c(j) | Allowable Max. c(j) |
| X1 | 60.0000 | 4,000.0000 | 240,000.0000 | 0 | basic | 1,500.0000 | 6,000.0000 |
| X2 | 30.0000 | 3,000.0000 | 90,000.0000 | 0 | basic | 2,000.0000 | 8,000.0000 |
| Objective | Function | (Min.) = | 330,000.0000 | | | | |
| | | | | | | | |
| Constraint | Left Hand Side | Direction | Right Hand Side | Slack or Surplus | Shadow Price | Allowable Min. RHS | Allowable Max. RHS |
| C1 | 12,000.0000 | >= | 12,000.0000 | 0 | 6.6667 | 7,500.0000 | 30,000.0000 |
| C2 | 30,000.0000 | >= | 20,000.0000 | 10,000.0000 | 0 | -M | 30,000.0000 |
| C3 | 15,000.0000 | >= | 15,000.0000 | 0 | 16.6667 | 6,000.0000 | 24,000.0000 |

图1-10　运行结果图

决策变量（Decision Variable）：$X_1,X_2$.

最优解（Solution Value）：$X_1$ =60，$X_2$ =30.

价值系数（Unit Cost or Profit c[j]）：$C_1$ =4000，$C_2$ =3000.

最优函数值（Total Contribution）：$X_1$贡献240000，$X_2$贡献90000，共计330000.

检验数（Reduced Cost）：0，0. 即当变量增加一个单位时，目标函数值的改变量.

价值系数的允许最小值（Allowable Max. C[j]）：价值系数在此范围变动时，最优解不变.

约束条件（Constraint）：$C_1,C_2,C_3$.

左端取值（Left Hand Side）：1200，30000，15000.

右端取值（Right Hand Side）：1200，20000，15000.

松弛变量或剩余变量的取值（Slack or Surplus）：该值等于约束左端与约束右端之差. 为0表示资源已达到限制值，大于0表示未达到限制值.

影子价格（Shadow Price）：6.6667，0，16.6667，即为对偶问题的最优解.

约束右端允许最小值（Allowable Min. RHS）和允许最大值（Allowable Max. RHS）：表示约束右端在此范围变化时最优解不变.

第五步：结果显示及分析. 点击菜单栏"Results"，存在最优解时，下拉菜单有①～⑨九个选项，无最优解时有⑩和⑪两个选项（图1-11）.

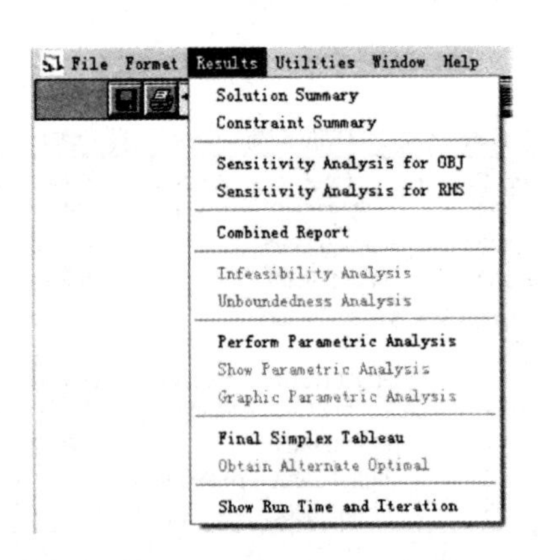


图1-11　菜单栏"Results"下拉菜单

①只显示最优解（Solution Summary）.

②约束条件结果（Constraint Summary），比较约束条件两端的值.

③对价值系数进行灵敏度分析（Sensitivity Analysis of OBJ）.

④互对约束条件右端常数项进行灵敏度分析（Sensitivity Analysis ofRItS）.

⑤主详细结果报告（Combined Report）.

⑥不可行性分析（Infeasibility Analysis）.

⑦无界性分析（Unboundedness Analysis）.

⑧参数分析（Perform Parametric Analysis）.

⑨最终单纯形表（Final Simplex Tableau）.

⑩另一个基本最优解（Obtain Alternate Optimal），存在无穷多最优解时，系统给出另一个基本最优解.

⑪显示运行时间以及迭代次数（Show Run Time and Iteration）.

# 第2章　非线性规划

非线性规划（nonlinear programming）的研究对象是非线性函数的数值最优解问题，它的理论与方法渗透到自然科学与社会科学的许多方面，例如，军事、经济、工程设计和产品优化等．处理非线性优化问题绝非易事，因为它没有线性规划中单纯形法那样的通用算法，而是要根据具体问题设计具体算法，这也就导致这些算法都有各自的适用范围．最优化指的是在一定条件下，寻求使目标函数最小（大）的决策．最优化计算在实际中有广泛的应用．

## 2.1　基本概念

很多问题可以归结为目标函数和约束条件都是线性的规划问题．现实中还有目标函数或者约束条件是非线性函数的规划问题．如果目标函数或者约束条件含有非线性函数，这样的规划称非线性规划．1951年，库恩和塔克等人提出了非线性规划的最优性条件，奠定了非线性规划的基础．随着电子计算机的普遍使用，非线性规划的理论和方法有了很大的发展，其应用领域也越来越广泛．

### 2.1.1 非线性规划的一般模型

设 $f(x_1,x_2,\cdots,x_n)$ ， $h_1(x_1,x_2,\cdots,x_n),\cdots$， $h_m(x_1,x_2,\cdots,x_n)$ ， $g_1(x_1,x_2,\cdots,x_n),\cdots$， $g_l(x_1,x_2,\cdots,x_n)$ 都是变量 $x_1,x_2,\cdots,x_n$ 的实值函数．求 $x_1,x_2,\cdots,x_n$ 在满足 $h_i,g_j\left(i=1,2,\cdots,m;j=1,2,\cdots,l\right)$ 的条件下，使得 $f(x_1,x_2,\cdots,x_n)$ 达到最小值，即

$$\max(\min)f(x_1,x_2,\cdots,x_n)$$
$$\text{s.t.}\begin{cases}h_i(x_1,x_2,\cdots,x_n)=0,i=1,2,\cdots,m\\g_j(x_1,x_2,\cdots,x_n)\geq 0,j=1,2,\cdots,l\end{cases}$$

若记 $X=(x_1,x_2,\cdots,x_n)^{\mathrm{T}}\in E^n$ 是$n$维欧几里德空间中的向量（点），则上述非线性规划问题的数学模型常表示成以下形式：

$$\max(\min)f(X)$$
$$\text{s.t.}\begin{cases}h_i(X)=0,i=1,2,\cdots,m\\g_j(X)\geq 0,j=1,2,\cdots,l\end{cases}$$

注意：

（1）若当求目标函数极大化时，由 $\max f(X)=-\min\left[-f(X)\right]$ ，令 $F(X)=-f(X)$ ，则 $\min F(X)=-\max f(X)$．

（2）若约束条件为 $g_j(X)\leq 0$ ，则 $-g_j(X)\geq 0$．

（3） $h_i(X)=0\Leftrightarrow h_i(X)\geq 0$且$-h_i(X)\geq 0$．

非线性规划也可以用下式表示：

$$
\begin{cases}
\max(\min) f(X) \\
g_j(X) \geq 0, j = 1, 2, \cdots, m
\end{cases}
$$

### 2.1.2　几种特殊情形

（1）无约束的非线性规划.

在非线性规划中，存在没有约束条件或者约束条件不影响极值解的规划，称为无约束极值问题，其一般形式为

$$
\begin{cases}
\min\limits_{X \in R} f(X) \\
X \geq 0
\end{cases}
$$

（2）二次规划.

若目标函数是X的二次函数，约束条件呈线性，就将这类规划称为二次规划，二次规划的一般形式为

$$
\begin{cases}
\min f(X) = \sum\limits_{j=1}^{n} c_j x_j + \sum\limits_{j=1}^{n} \sum\limits_{k=1}^{n} c_{jk} x_j x_k \\
\sum\limits_{j=1}^{n} a_{ij} x_j + b_i \geq 0, i = 1, 2, \cdots, m \\
x_j \geq 0, c_{jk} = c_{kj}
\end{cases}
$$

（3）凸规划.

若目标函数 $f(X)$ 为凸函数，$g_j(X)(j = 1, 2, \cdots, m)$ 都是凹函数（即 $-g_j(X)$ 为凸函数），就将这类非线性规划称为凸规划.

# 2.2　凸函数与凸规划

## 2.2.1　凸集的概念

对于某点集，若其中任意两点 $x_1$ 和 $x_2$ 所连的线段均在该集合中，就将这一点集称为凸集，否则就称为非凸集，如图2–1所示.

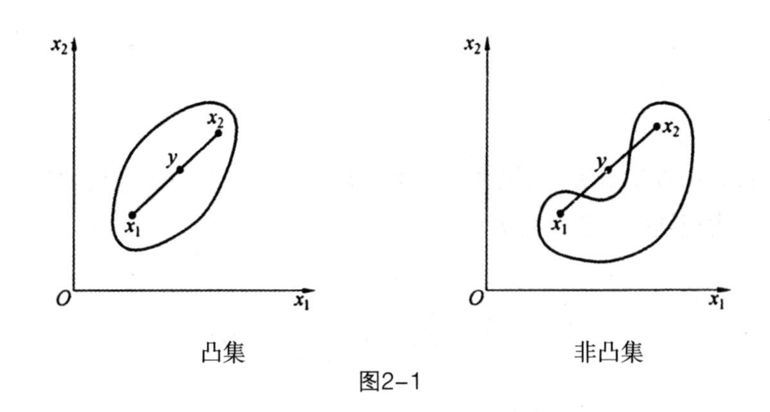


图2–1

可以用如下的数学语言来表示凸集：

**定义2.2.1**　设$R$是$n$维欧氏空间的一个点集，若任意两点 $x_1 \in R, x_2 \in R$ 均有 $\alpha x_1 + (1-\alpha)x_2 \equiv y \in R$（$0 \le \alpha \le 1$），则称$R$为凸集.

凸集的主要性质有：

（1）若$A$为凸集，$\beta$ 为实数，$a$ 是凸集$A$中的动点，即 $a \in A$，则集合

$$\beta A = \{x : x = \beta a, a \in A\}$$

还为凸集. 当 $\beta = 2$ 时，如图2–2（a）所示.

（2）若$A$和$B$为凸集，$a$、$b$分别为凸集$A$、$B$中的动点，即$a \in A, b \in B$，则集合

$$A+B=\{x : x=a+b, a \in A, b \in B\}$$

还为凸集，如图2–2（b）所示.

（3）任意几个凸集的交集还为凸集，如图2–2（c）所示.

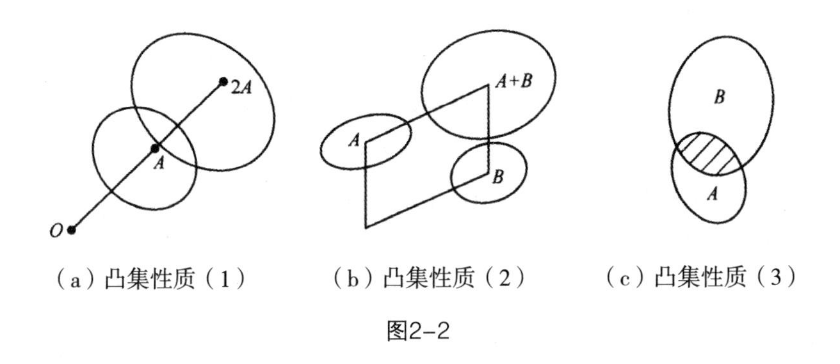


（a）凸集性质（1）　（b）凸集性质（2）　（c）凸集性质（3）

图2–2

## 2.2.2　凸函数

**定义2.2.2**　对于一元函数$f(x)$，任取$x_1$，$x_2 \in [a,b]$及任意$\alpha \in [0,1]$恒有：

$$f[\alpha x_1+(1-\alpha)x_2] \leq \alpha f(x_1)+(1-\alpha)f(x_2)$$

则称$f(x)$为$[a,b]$的一元凸函数.

从图形上看，某区间上的一元凸函数是指在该区间上处处下凸的函数，如图2–3所示.

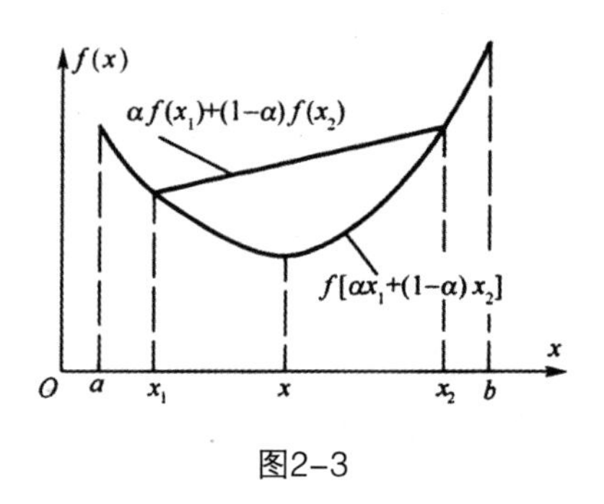


图2–3

凸函数的定义可解释为：介于$x_1$，$x_2$之间的任意一点$x=\alpha x_1+(1-\alpha)x_2$所对应的函数值不大于$x_1$，$x_2$对应函数值的线性插值.

凸函数的主要性质有：

（1）若$f(x)$为凸集$R$上的凸函数，则对于任意非负实数$\alpha$，函数$f(x)$也为凸集$R$上的凸函数.

（2）若函数$f_1(x)$和$f_2(x)$均为定义在凸集$R$上的凸函数，则$f_1(x)+f_2(x)$也为$R$上的凸函数；对任意非负常数$\alpha$和$\beta$，函数$\alpha f_1(x)+\beta f_2(x)$也为$R$上的凸函数.

### 2.2.3　凸性判别条件

对于可微函数，可以利用如下两个判别定理来判定一个函数是否为凸函数.

（1）设$R$是$n$维欧式空间上的开凸集，$f(x)$在$R$上具有一阶连续偏导数，则$f(x)$为$R$上的凸函数的充分必要条件是，对于任意两个不同点$x_1\in R$和$x_2\in R$，恒有

$$f(x_2)\geq f(x_1)+(x_2-x_1)^{\mathrm{T}}\nabla f(x_1)$$

恒成立.

（2）设$R$是$n$维欧式空间上的开凸集，$f(x)$为定义在凸集$R$上，且具有连续二阶导数的函数，则$f(x)$在凸集$R$上为凸函数的充分必要条件是：海赛矩阵$\boldsymbol{G}(x)$在凸集$R$上为半正定．若海赛矩阵$\boldsymbol{G}(x)$对一切属于该凸集$R$的$x$都是正定的，则$f(x)$是该凸集上的严格凸函数．

## 2.2.4　凸规划

函数的局部极小点（局部最优解）并不一定是其全局极小点（全局最优解），而最优化的目的往往是求全局最优解．由于定义在凸集上的凸函数在求解极值方面具有良好的性质．而实际应用中许多问题的目标函数又可归结为凸函数．因而研究具有凸函数的数学规划问题具有重要意义．

对于非线性规划

$$\min f(x)$$

$$\text{s.t.}\quad g_j(x)\le 0$$

若$f(x)$、$g_j(x)\le 0(j=1,2,\cdots,m)$都为凸函数，则称该规划问题为凸规划．

凸规划的主要性质有：

（1）若给定一点$x_0$，则集合$R=\left\{x\big|_{f(x)\le f(0)}\right\}$为凸集．此性质表明，当$f(x)$为二元函数时，其等值线呈现大圈套小圈形式．

**证明：** 取集合$R$中任意两点$x_1$、$x_2$，则有$f(x_1)\le f(x_0)$，$f(x_2)\le f(x_0)$．

由于$f(x)$为凸函数，又有

$$f\left[\alpha x_1+(1-\alpha)x_2\right]\le \alpha f(x_1)+(1-\alpha)f(x_2)\le \alpha f(x_0)+(1-\alpha)f(x_0)=f(x_0)$$

即点$x=\alpha x_1+(1-\alpha)x_2$满足$f(x)\le f(x_0)$，故在$R$集合之内，根据凸集

定义，$R$ 为凸集.

（2）可行域 $R=\left\{x\big|_{g_j(\boldsymbol{x})\le 0(j=1,2,\cdots,m)}\right\}$ 为凸集.

**证明：**在集合 $R$ 内任取两点 $x_1$、$x_2$，由于 $g_j(x)$ 为凸函数，则有

$$g_j\left[\alpha x_1+(1-\alpha)x_2\right]\le \alpha g_j(x_1)+(1-\alpha)g_j(x_2)\le 0$$

即点 $x=\alpha x_1+(1-\alpha)x_2$ 满足 $g_j(\boldsymbol{x})\le 0$，故在 $R$ 集合之内，为凸集.

（3）凸规划的任何局部最优解就是全局最优解.

**证明：**设 $x_1$ 为局部极小点，则在 $x_1$ 某邻域 $r$ 内的某点有 $f(x)\ge f(x_1)$. 假若 $x_1$ 不是全局极小点，设存在 $x_2$ 有 $f(x_1)\ge f(x_2)$，由于 $f(x)$ 为凸函数，故有

$$f\left[\alpha x_1+(1-\alpha)x_2\right]\le \alpha f(x_1)+(1-\alpha)f(x_2)<\alpha f(x_1)+(1-\alpha)f(x_1)=f(x_1)$$

当 $\alpha\to 1$ 时，点 $x=\alpha x_1+(1-\alpha)x_2$ 进入 $x_1$ 邻域 $r$ 内，则有

$$f(x_1)\le f\left[\alpha x_1+(1-\alpha)x_2\right]<f(x_1)$$

这显然是矛盾的，所以不存在 $x_2$ 使 $f(x_1)>f(x_2)$，从而证明 $x_1$ 应为全局极小点.

# 2.3　一维搜索方法

多元函数的极值问题往往可以转化为沿着若干个方向寻找极值问题，而沿着某个方向寻找极值问题实际上等价于一维最优化问题.

求一元函数的极小值的方法有很多，这里主要介绍常见的方法，一是解析法：牛顿法、二次抛物线插值法，二是直接法：0.618法.

## 2.3.1　牛顿法与对分法

如果单变量函数 $f(x)$ 在$x^n$处取得局部极小值，并且在$x^n$处可微，则 $f$ 在$x^n$处一阶导数必须等于零，即局部极小值点是下列方程 $f'(x)=0$的解.

我们可以尝试求解这个非线性方程，得到它的所有解. 如果可能，再利用这些解点的二阶导数 $f''(x)$ 值判别哪些点对应极大或极小值. 但是在很多情况下无法求得方程的解析解，而需要采用迭代方法求解. 在迭代中产生点列$\left\{x^k\right\}$和 $f$ 的导数序列$\left\{f'\left(x^k\right)\right\}$，使得导数序列极限为零. 牛顿法就是求解非线性方程的一种经典迭代方法，在这里它要求知道 $f''(x)$ 的值.

### 2.3.1.1　牛顿法

设 $x^0$ 是 $f'(x)=0$的真根$x^n$的一个估计值，在曲线 $f'(x)$ 上的点（$x^0$，$f'(x^0)$）作曲线的切线，切线与$x$轴交于$\left(x^1,y\right)=\left(x^1,0\right)$.

由$\dfrac{y-f'\left(x^0\right)}{x^1-x^0}=f''\left(x^0\right)$，得$x^1=x^0-\dfrac{f'\left(x^0\right)}{f''\left(x^0\right)}$，$x^1$比$x^0$更好地近似于$x^*$.

又在曲线上[$x^1$，$f'$（$x^1$）]点作曲线的切线交$x$轴于（$x^2$，0）点，

$x^2=x^1-\dfrac{f'\left(x^1\right)}{f''\left(x^1\right)}$，依此进行下去，可以得出一串$x^0,x^1,x^2,\cdots,x^k$.

如果$\left|f'\left(x^k\right)\right|<\varepsilon$（$\varepsilon$预先给定）则停止迭代，此时$x^k$可作为极值点$x^*$的近似值（见图2–4）.

注：一般来说，牛顿法的收敛速度比较快，步骤简单，但每次迭代都要用到二阶导数，计算量大，更为重要的是有很多函数在计算中是发散的，故不能求得$f'$（$x$）=0的近似解（见图2–5）.

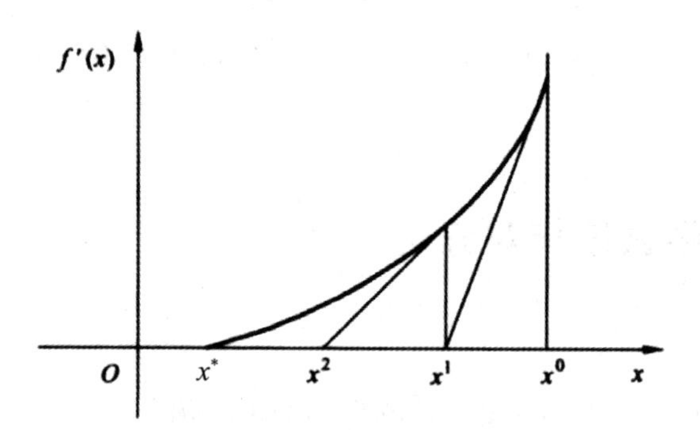


图2–4

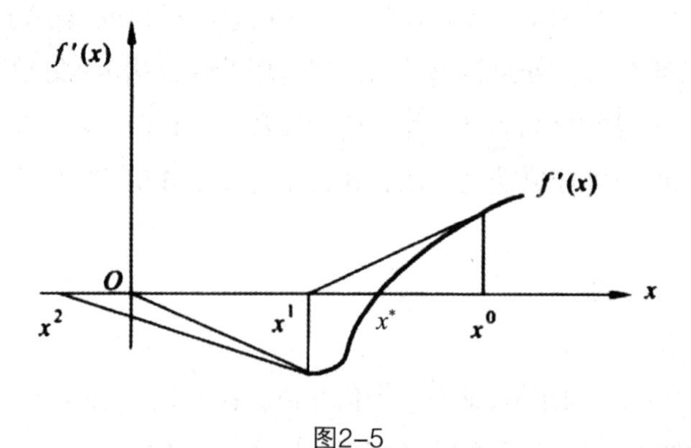


图2–5

### 2.3.1.2　对分法

为了避免牛顿法求二阶导数的较大工作量，可采取其他迭代法，最简单的是对分法.

若 $f(x)$ 在[$a$，$b$]上是连续函数，并且 $f'(a)$ 与 $f'(b)$ 有相反的符号，不妨设 $f'(a)<0$，$f'(b)>0$，则[$a$，$b$]内必有$f'(x)$的一个零点．将[$a$，$b$]分成两部分，$c=\frac{1}{2}(a+b)$.

若 $f'(c)=0$，则$c$即为所求．否则，若 $f'(c)>0$，则取 $b_1=c,a_1=a$；若 $f'(c)<0$，则取 $a_1=c,b_1=b$，对分 $[a_1,b_1]$，再继续下去．经过$m$次对分得到方程的有根区间，其长度为 $(b-a)/2^m$，如取 $[a_m,b_m]$ 的中点，$x_m=\frac{1}{2}(b_m-a_m)$ 为 $x^n$ 的近似值，则 $x_m$ 与 $x^n$ 的误差不会超过 $(b-a)/2^m$ 的一半．即

$$\left|x_m-x^n\right|\leq\frac{b-a}{2^{m+1}}$$

## 2.3.2　二次插值法（抛物线法）

二次插值法的基本思想：利用目标函数 $f(x)$ 在三个不同点的函数值，构造一个二次函数 $\varphi(x)$，用 $\varphi(x)$ 的极小点来近似 $f(x)$ 的极小点.

设 $f(x)$ 是连续的，$x_1,x_2,x_3$ 满足：

（1）$x_1<x_2<x_3$.

（2）$f(x_1)>f(x_2)>f(x_3)$.（高、低、高）

令 $\varphi(x)=a_0+a_1x+a_2x^2$，使 $\varphi(x_i)=f(x_i),i=1,2,3$，即

$$\begin{cases} a_0 + a_1 x_1 + a_2 x_2^2 = f\left(x_1\right) = f_1 \\ a_0 + a_1 x_2 + a_2 x_2^2 = f\left(x_2\right) = f_2 \\ a_0 + a_1 x_3 + a_2 x_3^2 = f\left(x_3\right) = f_3 \end{cases}$$

抛物线$\varphi\left(x\right)$的极小点为$x_4$，则$\varphi'\left(x_4\right)=0$，即

$$x_4 = -\frac{a_1}{2a_2}$$

由克莱姆法则，得

$$x_4 = -\frac{-\begin{vmatrix} 1 & f_1 & x_1^2 \\ 1 & f_2 & x_2^2 \\ 1 & f_3 & x_3^2 \end{vmatrix}}{2\begin{vmatrix} 1 & x_1 & f_1 \\ 1 & x_2 & f_2 \\ 1 & x_3 & f_3 \end{vmatrix}} = \frac{1}{2}\cdot\frac{\left(x_2^2 - x_3^2\right)f_1 + \left(x_3^2 - x_1^2\right)f_2 + \left(x_1^2 - x_1^2\right)f_3}{\left(x_2 - x_3\right)f_1 + \left(x_2 - x_1\right)f_2 + \left(x_1 - x_2\right)f_3} = \frac{1}{2}\left(x_1 + x_3 - \frac{C_1}{C_2}\right)$$

式中，$C_1 = \dfrac{f_3 - f_1}{x_3 - x_1}, C_2 = \dfrac{1}{x_2 - x_3}\left(\dfrac{f_2 - f_1}{x_2 - x_1} - C_1\right)$.

一般，仅仅通过一次拟合，用$\varphi\left(x\right)$代替$f\left(x\right)$求极小点，误差可能较大.将$x_4$作为$\left[x_1, x_2\right]$一个内点，比较$f\left(x_2\right)$与$f\left(x_4\right)$的值，若$f\left(x_2\right) < f\left(x_4\right)$且$x_4 > x_2$，则去掉$x_3$；若$x_4 < x_2$，则去掉$x_1$，分别由余下的$x_1, x_2, x_4$或$x_2, x_4, x_3$重复上述步骤搜索新的极小点.

若$f\left(x_2\right) > f\left(x_4\right)$可作类似处理.

对于给定$\varepsilon > 0$，如果抛物线上极小点$x_4$与$x_1, x_2, x_3$的中间点$x_2$满足$\left|x_2 - x_4\right| < \varepsilon$，则停止计算.

### 2.3.3　0.618法

0.618法又称黄金分割法，它通过逐步缩小搜索区间的方法来求得一元函数的极小点的近似值.

设 $f(x)$ 是单峰函数，$[a,b]$ 内存在$x^*$，使 $f(a)>f(x^*)$，$f(b)>f(x^*)$，称 $[a,b]$ 为搜索区间．在 $[a,b]$ 取

$$x_1=a+(1-\beta)(b-a),x_2=a+\beta(b-a)\left(\frac{1}{2}<\beta<1\right)$$

则 $x_1,x_2$ 为 $[a,b]$ 内对称的两点（图2–6）.

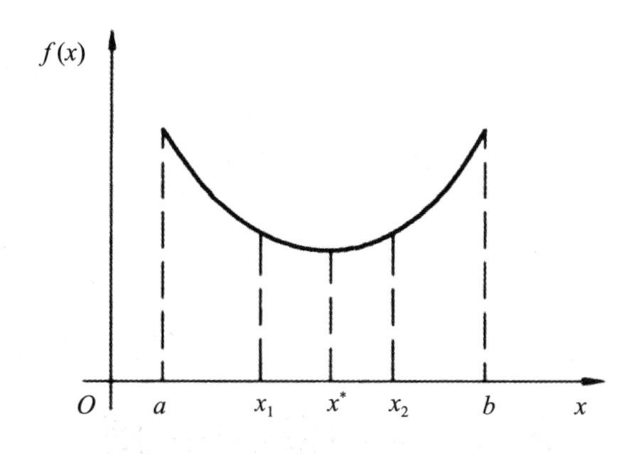


图2–6

若 $f(x_1)<f(x_2)$，则去掉 $(x_2,b]$，以 $[a,x_2]$ 为新的搜索区间；若 $f(x_1)>f(x_2)$，则去掉 $[a,x_1)$，以 $[x_1,b]$ 为新的搜索区间.

重复上述步骤，则最小点的搜索区间逐步缩小．当搜索区间长度小于给定$\varepsilon<0$时，取区间中点作为极小点$x^*$的近似值.

可以证明如取$\beta$=0.618，则去掉一个端点后，余下的 $x_1$ 或 $x_2$ 是搜索区间中处于 $[a_m,b_m]$ 中满足 $a_m+\beta(b_m-a_m)$ 或 $a_m+(1-\beta)(b_m-a_m)$ 的点，按此数能快速缩小搜索区间（图2–7）.

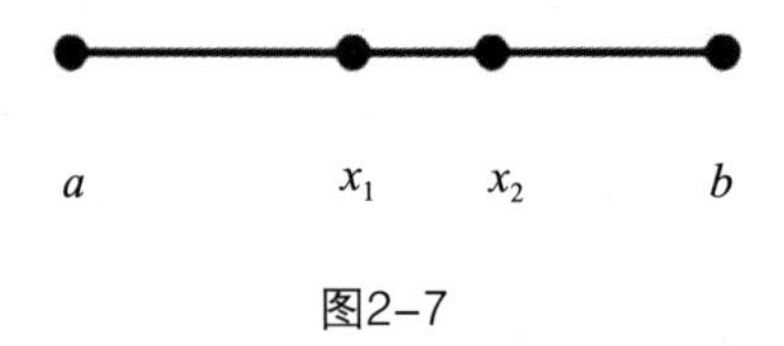


图2–7

**证明：** 设$b-a=1$，$x_1=a+(1-\beta),x_2=a+\beta$，则

$$x_2-a=\beta,x_1-a=1-\beta$$

若去掉$[x_2,b]$，令

$$x_1-a=\beta(x_2-a)=\beta\cdot\beta=1-\beta$$

由$\beta^2+\beta-1=0$，解得

$$\beta=\frac{\sqrt{5}-1}{2}=0.618$$

# 2.4　无约束极值问题

实际中抽象出来的规划问题都是有约束的，但约束问题往往要转化为无约束问题求解，因此我们先来讨论无约束最优化方法．无约束非线性规划问题

$$\min f(x),x\in E$$

是求$n$元函数$f(x)$在$n$维空间上的最小值.

求解无约束优化问题的方法一般分为直接法和解析法，所谓直接法是指在迭代的过程中只需用到目标函数的数值，不需要了解目标函数的解析性质，而解析法则需要用到函数的一阶或二阶导数.

由于一些非线性规划可以转化为一系列二次规划问题，而二次规划比较简单，便于求解，且凸函数在凸集上的局部最优值就是整体最优值，因此常针对凸二次函数建立算法.

下面将介绍解析法中的最速下降法、牛顿法、共轭梯度法及直接法中的坐标轮换法和单纯形法.

### 2.4.1　最速下降法（梯度法）

构造一种优化算法的关键是获得一个有利的搜索方向，梯度方向是函数变化率最大的方向，在求目标函数极小值中，函数的负梯度方向是引人注意的一种搜索方向. 因此，梯度法是最早的又是十分基本的一种迭代计算方法.

设在$k-1$次迭代中，已取得$x^k$点. 目标函数在这一点的梯度为

$$\nabla f\left(x^k\right)=\left[\frac{\partial f\left(x^k\right)}{\partial x_1},\frac{\partial f\left(x^k\right)}{\partial x_2},\cdots,\frac{\partial f\left(x^k\right)}{\partial x_n}\right]^{\mathrm{T}}$$

因此，第$k$次迭代的搜索方向$\boldsymbol{d}^k$取负梯度的单位向量，即

$$\boldsymbol{d}^k=\frac{-\nabla f\left(x^k\right)}{\left\|\nabla f\left(x^k\right)\right\|}$$

式中，$\left\|\nabla f\left(x^k\right)\right\|$为梯度向量的模.

这样，第$k$次迭代的新点$x^{k+1}$为

$$x^{k+1}=x^k+\alpha^k \boldsymbol{d}^k$$

式中，$\alpha^k$ 为迭代的最优步长.

如此继续迭代，直至 $\left\|\nabla f\left(x^k\right)\right\| \le \varepsilon$，则取得 $f\left(x\right)$ 的最优点 $x^*=x^k$.

梯度法由于每次迭代的搜索方向都是取函数的最速下降方向，因此又称为最速下降算法. 从这点来看，容易使人认为，这种方法是一个使函数值下降最快的方法，但实际并不是这样. 计算表明，此法往往收敛得相当慢. 这是由于梯度法的相邻两次搜索方向是相互正交的，所以，当二元二次函数的等值线是比较扁的椭圆时，其梯度法逼近函数极小点的过程呈直角锯齿状，如图2–8所示.

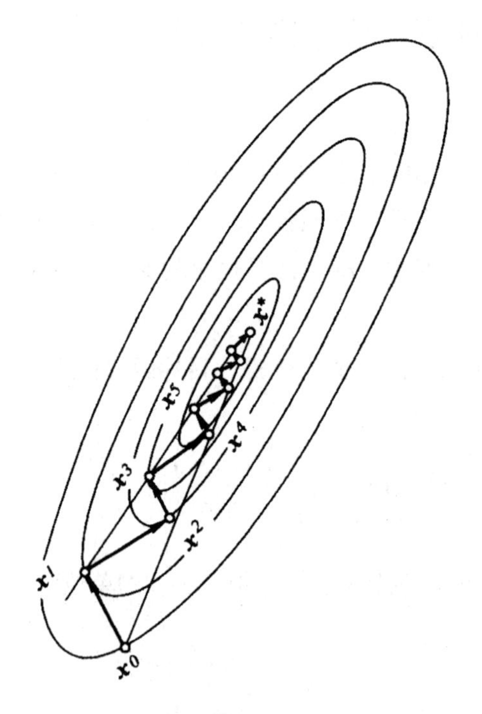


图2–8

## 2.4.2　牛顿法

### 2.4.2.1　基本思想

牛顿法是一种用到一阶导数和二阶导数的解析法，在确定搜索方向时，不仅考虑了函数在这一点的梯度，而且还考虑了梯度的变化趋势，所以在更大范围内考虑了函数的性质．它的基本思想是在目标函数$f(x)$具有二阶连续导数的条件下，用二次函数$\varphi(x)$近似代替目标函数$f(x)$，求该二次函数的极小点，作为$f(x)$的近似极小点．

设$x^k$是$f(x)$极小点的$k$次近似，$f(x)$将在$x^k$点作泰勒展开并略去高于二次的项，即

$$f(x)=\phi(x)=f\left(x^k\right)+\nabla f\left(x^k\right)\left(x-x^k\right)+\frac{1}{2}\left(x-x^k\right)^{\mathrm{T}}H\left(x^k\right)\left(x-x^k\right)$$

令

$$\phi'(x)=\nabla f\left(x^k\right)+H\left(x^k\right)\left(x-x^k\right)=0$$

得

$$x^{k+1}=x^k-H\left(x^k\right)^{-1}\nabla f\left(x^k\right)=x^k+p^k$$

称$p^k=-H\left(x^k\right)^{-1}\nabla f\left(x^k\right)$为牛顿方向，称

$$\begin{cases}x^{k+1}=x^k+p^k\\ p^k=-H\left(x^k\right)^{-1}\nabla f\left(x^k\right)\\ k=0,1,2,\cdots\end{cases}$$

为牛顿迭代公式．

牛顿法收敛准则：对预先给定的精度$\varepsilon>0$，当$\left\|\nabla f\left(x^k\right)\right\|\le\varepsilon$时停止迭代，

以 $x^k$ 作为极小点$x^*$近似值.

在牛顿法迭代中要求 $H\left(x^k\right)$可逆. 由于函数 $f(x)$ 是由二次函数近似的，所以如果$f(x)$形状与二次函数比较接近，则采用牛顿法可以很快收敛. 特别地，如果$f(x)$本身就是正定二次函数，则$\varphi(x)$与$f(x)$一致，从任何点出发只需经过一次迭代，即可求得极小点$x^*$.

#### 2.4.2.2　计算步骤

计算步骤如下：

（1）取初始点 $x^0$，置$k=0$.

（2）计算 $\nabla f\left(x^k\right)$.

（3）若$\left\|\nabla f\left(x^k\right)\right\|<\varepsilon$，停止迭代，$x^* \approx x^k$；否则计算 $H\left(x^k\right)$，令 $p^k = -H\left(x^k\right)^{-1}\nabla f\left(x^k\right)$.

（4）置 $x^{k+1}=x^k+p^k$，$k=k+1$，转（2）.

### 2.4.3　共轭梯度法

共轭梯度法是介于最速下降法与牛顿法之间的一种算法. 这种算法是基于这样一种想法而提出来的：既要加速最速下降法所引起的慢收敛性，又要避免牛顿法所涉及的$\boldsymbol{H}$矩阵计算存贮及求逆. 共轭梯度法是针对二次问题$\min\left(\frac{1}{2}x^{\mathrm{T}}\boldsymbol{Q}x-b^{\mathrm{T}}x\right)$提出的，可以把这种方法推广到更一般的问题. 这是一种适用效果好、用途广的方法.

#### 2.4.3.1　共轭方向

**定义2.4.1**　两个方向 $x\in E_n$，$y\in E_n$ 被称为关于$n\times n$的对称正定矩阵$\boldsymbol{Q}$

的共轭方向，如果

$$x^{\mathrm{T}}\boldsymbol{Q}y=0$$

当$\boldsymbol{Q}$=$\boldsymbol{I}$时，$x$与$y$正交，所以共轭可认为是正交的推广.

如果对所有$i\neq j$，有$\boldsymbol{P}_i^{\mathrm{T}}\boldsymbol{Q}\boldsymbol{P}_j=0$，则称$\boldsymbol{P}_1\boldsymbol{P}_2\cdots\boldsymbol{P}_n$为$\boldsymbol{Q}$共轭$n$维非零向量，则此向量组必线性无关.

**证明：**设$\boldsymbol{P}_1\boldsymbol{P}_2\cdots\boldsymbol{P}_n$有线性关系，即

$$\alpha_1\boldsymbol{P}_1+\alpha_2\boldsymbol{P}_2+\cdots+\alpha_n\boldsymbol{P}_n=0$$

对$i=1,\cdots,n$，用$\boldsymbol{P}_i^{\mathrm{T}}\boldsymbol{Q}$左乘上式得

$$\alpha_j\boldsymbol{P}_i^{\mathrm{T}}\boldsymbol{Q}\boldsymbol{P}_j=0, j\neq i$$

又因为$\boldsymbol{P}_i^{\mathrm{T}}\boldsymbol{Q}\boldsymbol{P}_i\neq 0$，所以$\alpha_i=0, i=1,2,\cdots,n$.
证毕.

### 2.4.3.2　计算步骤

设二次函数

$$f(x)=b^{\mathrm{T}}x+\frac{1}{2}x^{\mathrm{T}}\boldsymbol{Q}x$$

其中$\boldsymbol{Q}$为$n\times n$正定矩阵，$\boldsymbol{P}_1\boldsymbol{P}_2\cdots\boldsymbol{P}_n$为任意一组$\boldsymbol{Q}$共轭向量，则由任意$x^1$出发按如下迭代格式至多$n$步必收敛.

$$\min_{\lambda} f\left(x^k+\lambda\boldsymbol{P}_k\right)=f\left(x^k+\lambda_k\boldsymbol{P}_k\right)$$
$$x^{k+1}=x^k+\lambda_k\boldsymbol{P}_k$$

（证明略）.

由于这一特性，对于二次凸函数 $f(x)$，只要迭代中构造一组$\boldsymbol{Q}$共轭向量作为搜索方向，就可求出 $f(x)$ 的极小点.

令任意初始点$x^1$，取 $\boldsymbol{P}_1=-\nabla f(x^1)$，由

$$\min_{\lambda} f(x^1+\lambda \boldsymbol{P}_1)=f(x^1+\lambda_1 \boldsymbol{P}_1)$$

令
$$x^2=x^1+\lambda_1 \boldsymbol{P}_1$$
则

$$-\nabla f(x^2)^{\mathrm{T}} \boldsymbol{P}_1=\nabla f(x^2)^{\mathrm{T}} \nabla f(x^1)=0$$
$$\frac{\mathrm{d}f(x^1+\lambda \boldsymbol{P}_1)}{\mathrm{d}\lambda}=\nabla f(x^1+\lambda \boldsymbol{P}_1)^{\mathrm{T}} \boldsymbol{P}_1$$

令 $\boldsymbol{P}_2=-\nabla f(x^2)+\boldsymbol{V}_1\boldsymbol{P}_1$，与 $\boldsymbol{P}_1,\boldsymbol{Q}$ 共轭. 则

$$\boldsymbol{P}_2^{\mathrm{T}}\mathbf{Q}\boldsymbol{P}_1=\left[-\nabla f(x^2)+\boldsymbol{V}_1\boldsymbol{P}_1\right]^{\mathrm{T}}\boldsymbol{Q}\boldsymbol{P}_1=0$$

即

$$\boldsymbol{V}_1=\frac{\nabla f(x^2)^{\mathrm{T}}\boldsymbol{Q}\boldsymbol{P}_1}{\boldsymbol{P}_1^{\mathrm{T}}\boldsymbol{Q}\boldsymbol{P}_1}$$

对于二次函数

$$f(x)=f(x^k)+\nabla f(x^k)^{\mathrm{T}}(x-x^k)+\frac{1}{2}(x-x^k)^{\mathrm{T}}H(x^k)(x-x^k)$$
$$\nabla f(x)=\nabla f(x^k)+H(x^k)(x-x^k)$$

所以

$$\nabla f(x^2)-\nabla f(x^1)=\boldsymbol{Q}(x^2-x^1)=\boldsymbol{Q}\lambda_1\boldsymbol{P}_1$$

因此

$$V_1=\frac{\nabla f\left(x^2\right)^{\mathrm{T}} \boldsymbol{Q P}_1}{\boldsymbol{P}_1^{\mathrm{T}} \boldsymbol{Q P}_1}=\frac{\nabla f\left(x^2\right)^{\mathrm{T}}}{\boldsymbol{P}_1^{\mathrm{T}} \boldsymbol{Q P}_1}=\frac{\nabla f\left(x^2\right)^{\mathrm{T}} \nabla f\left(x^2\right)}{\boldsymbol{P}_1^{\mathrm{T}}\left(\nabla f\left(x^2\right)-\nabla f\left(x^1\right)\right)}=\frac{\left\|\nabla f\left(x^2\right)\right\|^2}{\left\|\nabla f\left(x^1\right)\right\|^2}$$

对 $x^2$ 点继续寻优，将 $x^1$ 代之以 $x^2$ ，$\boldsymbol{P}_1$ 代之以 $\boldsymbol{P}_2$ ，$\lambda_1$ 代之以 $\lambda_2$ ，求得 $x^3$ 点进而求得 $\boldsymbol{V}_2$ ，$\boldsymbol{P}_3$ . 如此重复上述过程，直至 $\nabla f\left(x^i\right)=0$ .

可以证明对二次函数，$\boldsymbol{P}_1\boldsymbol{P}_2\cdots\boldsymbol{P}_n$ 是$\boldsymbol{Q}$共轭的，在$n$步内总和收敛.

由于计算中不显含$\boldsymbol{Q}$矩阵，所以此法可推广到一般目标函数，在某些假设下，该方法也是收敛的. 这个方法结构简单、存贮量小.

一般而言，共轭梯度法在二次性极强区域使目标收敛性较好，而最速下降法在非二次性区域能使目标下降较快. 因此在计算开始时用最速下降法进行搜索，该函数有较好的二次性，最速下降法收敛变慢时，再采用共轭梯度法效果较好.

共轭梯度法的迭代步骤如下：

（1）取初始点 $x^1 \in E_n$ ，$\varepsilon>0$ .

（2）检验 $\left\|\nabla f\left(x^1\right)\right\| \leq \varepsilon$ ，若满足，取 $x^*=x^1$ ，计算停止；否则转（3）.

（3）令 $\boldsymbol{P}_1=-\nabla f\left(x^1\right)$ ，$k=1$ .

（4）求 $\min\limits_\lambda f\left(x^k+\lambda \boldsymbol{P}_k\right)=f\left(x^k+\lambda_k \boldsymbol{P}_k\right)$ .

（5）令 $x^{k+1}=x^k+\lambda_k \boldsymbol{P}_k$ .

（6）检验 $\left\|\nabla f\left(x^{k+1}\right)\right\| \leq \varepsilon$ ，若满足，令 $x^*=x^{k+1}$ ，计算停止；否则转（7）.

（7）判别 $k=n$ 成立与否，若 $k=n$ ，则令 $x_1=x^{n+1}$ ，转（3），否则计算

$$\boldsymbol{V}_k=\frac{\left\|\nabla f\left(x^{k+1}\right)\right\|^2}{\left\|\nabla f\left(x^k\right)\right\|^2}，\text{令 } \boldsymbol{P}_{k+1}=-\nabla f\left(x^{k+1}\right)+\boldsymbol{V}_k \boldsymbol{P}_k \text{ .}$$

若$f$（$x$）是非二次函数，计算 $\boldsymbol{V}_k$ 时可以增加修正项，即

$$\boldsymbol{V}_k=\frac{\left\|\nabla f\left(x^{k+1}\right)\right\|^2-\nabla f\left(x^k\right) T \nabla f\left(x^{k+1}\right)}{\left\|\nabla f\left(x^k\right)\right\|^2}$$

令 $k=k+1$ ，转（4）.

## 2.4.4 单纯形法

$n$维空间单纯形是由$n$+1个顶点所构成的超多面体，如二维空间的三角形、三维空间的四面体等都是单纯形，如果单纯形的各棱长相等则称为正规单纯形.

### 2.4.4.1 基本原理

在$n$维空间取$n$+1个点构成初始单纯形，比较这$n$+1个点的函数值大小，丢弃最坏的点（函数值最大）代之以新的点，构成新的单纯形．反复迭代，使顶点处函数值逐步下降，逼近函数的极小点.

现以二元空间 $f\left(x_1,x_2\right)$ 为例，求 $\min f\left(x\right)$.

如图2–9所示，在 $x_1-x_2$ 平面上取不在同一直线上的三点 $x^1$、$x^2$ $x^3$，以它们为顶点组成一单纯形（即三角形），计算各顶点函数值.

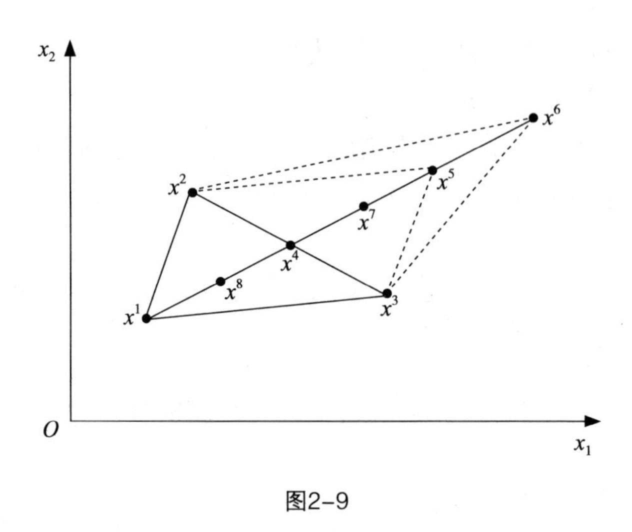


图2–9

设

$$f\left(x^1\right)>f\left(x^2\right)>f\left(x^3\right)$$

这说明$x^3$点最好，$x^1$点最差．为了寻找极小点，一般说来，应向最差点的反对称方向进行搜索，即通过$x^1$并穿过$x^2x^3$的中点$x^4$的方向进行搜索．在此方向上取点$x^5$，使

$$x^5 = x^4 + \left(x^4 - x^1\right) = 2x^4 - x^1$$

$x^5$点称为$x^1$点相对于$x^4$点的反射点，计算反射点的函数值$f\left(x^5\right)$时，可能出现以下几种情形．

（1）$f\left(x^5\right) < f\left(x^3\right)$，即反射点比最好点还好，说明搜索方向正确，还可以往前迈进一步，也就是可以扩张．这时取扩张点

$$x^6 = x^4 + \alpha\left(x^4 - x^1\right)$$

式中，$\alpha$为扩张因子，一般取$\alpha$=1.2 ~ 2.0.

如果$f\left(x^6\right) < f\left(x^5\right)$，则说明扩张有利，就以$x^6$代替$x^1$构成新单纯形$x^2x^3x^6$．否则说明扩张不利，舍弃$x^6$，仍以$x^5$代替$x^1$构成新单纯形$x^2x^3x^5$．

（2）$f\left(x^3\right) \le f\left(x^5\right) < f\left(x^2\right)$，即反射点比最好点差，但比次差点好，说明反射可行，则以反射点代替最差点，仍构成新单纯形$x^2x^3x^5$．

（3）$f\left(x^2\right) \le f\left(x^5\right) < f\left(x^1\right)$，即反射点比次差点差，但比最差点好，说明　走得太远，应缩回一些，即收缩．这时取收缩点

$$x^7 = x^4 + \beta\left(x^5 - x^4\right)$$

式中，$\beta$为收缩因子，常取$\beta$=0.5.

如果$f\left(x^7\right) < f\left(x^1\right)$，则用$x^7$代替$x^1$构成新单纯形$x^2x^3x^7$，否则$x^7$不用．

（4）$f\left(x^5\right) \ge f\left(x^1\right)$，即反射点比最差点还差，这时应收缩得更多一些，即将新点收缩在$x^1x^4$之间，取收缩点

$$x^8 = x^4 - \beta\left(x^4 - x^1\right) = x^4 + \beta\left(x^1 - x^4\right)$$

如果 $f\left(x^8\right)<f\left(x^1\right)$，则用 $x^8$ 代替 $x^1$ 构成新单纯形 $x^2x^3x^8$，否则 $x^8$ 不用.

（5）$f\left(x\right)>f\left(x^1\right)$，即若 $x^1x^4$ 方向上的所有点都比最差点差，则说明不能沿此方向搜索. 这时应以 $x^3$ 为中心缩边，使顶点 $x^1$ 、$x^2$ 向 $x^3$ 移近一半距离，得新单纯形 $x^3x^9x^{11}$，如图2-10所示，在此基础上进行寻优.

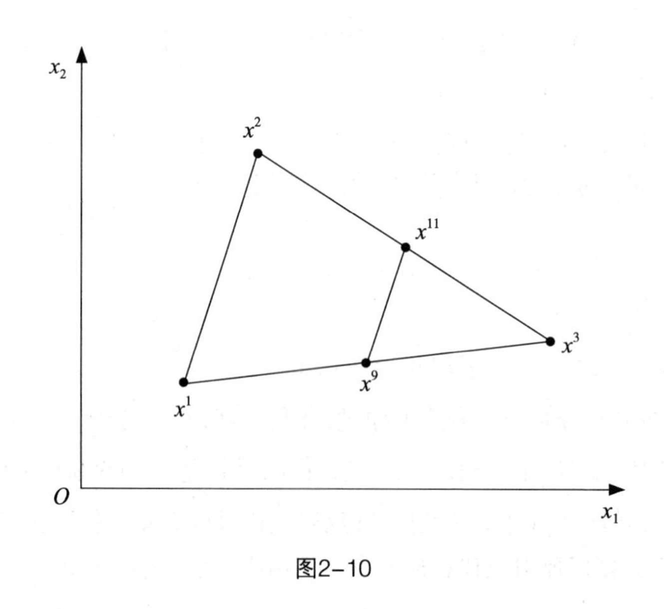


图2-10

以上说明，可以通过反射、扩张、收缩和缩边等方式得到一个新单纯形，其中至少有一个顶点的函数值比原单纯形要小.

### 2.4.4.2 计算步骤

将上述对二元函数的处置方法扩展应用到多元函数 $f\left(x\right)$ 中，其计算步骤如下：

（1）构造初始单纯形. 选初始点 $x^0$，从 $x^0$ 出发沿各坐标轴方向走步长 $h$，得 $n$ 个顶点 $x^i\left(i=1,2,\cdots,n\right)$ 与 $x^0$ 构成初始单纯形. 这样可以保证此单纯形各棱是 $n$ 个线性无关的矢量，否则就会使搜索范围局限在某个较低维的空间内，有可能找不到极小点.

（2）计算各顶点函数值．即

$$f_i = f\left(x^i\right)(i = 0,1,2,\cdots,n)$$

（3）比较函数值的大小，确定最好点 $x^{\mathrm{L}}$，最差点 $x^{\mathrm{H}}$ 和次差点 $x^{\mathrm{G}}$．即有

$$f_{\mathrm{L}} = f\left(x^{\mathrm{L}}\right) = \min_i f_i(i = 0,1,2,\cdots,n)$$

$$f_{\mathrm{H}} = f\left(x^{\mathrm{H}}\right) = \min_i f_i(i = 0,1,2,\cdots,n)$$

$$f_{\mathrm{G}} = f\left(x^{\mathrm{G}}\right) = \max_i f_i(i = 0,1,2,\cdots,h-1,h+1,\cdots,n)$$

（4）检验是否满足收敛准则．即

$$\left|\frac{f_{\mathrm{H}} - f_{\mathrm{L}}}{f_{\mathrm{L}}}\right| < \varepsilon$$

如满足，则 $x^* = x^{\mathrm{L}}$，停机，否则转至步骤（5）．

（5）计算除 $x^{\mathrm{H}}$ 点之外各点的"重心" $x^{n+1}$．即

$$x^{n+1} = \frac{1}{n}\left(\sum_{i=0}^{n} x^i - x^{\mathrm{H}}\right) \quad （2\text{-}4\text{-}1）$$

反射点

$$x^{n+2} = 2x^{n+1} - x^{\mathrm{H}} \quad （2\text{-}4\text{-}2）$$

$$f_{n+2} = f\left(x^{n+2}\right)$$

当 $f_{\mathrm{L}} \le f_{n+2} < f_{\mathrm{G}}$ 时，以 $x^{n+2}$ 代替 $x^{\mathrm{H}}$，$f_{n+2}$ 代替 $f_{\mathrm{H}}$，构成一新单纯形，然后返回到步骤（3）．

（6）扩张．当 $f_{n+2} < f_{\mathrm{L}}$ 时，取扩张点

$$x^{n+3} = x^{n+1} + \alpha\left(x^{n+2} - x^{n+1}\right) \quad （2\text{-}4\text{-}3）$$

并计算其函数值 $f_{n+3}=f\left(x^{n+3}\right)$. 若 $f_{n+3}<f_{n+2}$，则以 $x^{n+3}$ 代替 $x^{\mathrm{H}}$，$f_{n+3}$ 代替 $f_{\mathrm{H}}$，形成新单纯形；否则以 $x^{n+2}$ 代替 $x^{\mathrm{H}}$，$f_{n+2}$ 代替 $f_{\mathrm{H}}$，形成新单纯形，然后返回到步骤（3）.

（7）收缩. 当 $f_{n+2}\geq f_{\mathrm{G}}$ 时，则需收缩. 如果 $f_{n+2}<f_{\mathrm{H}}$，则取收缩点

$$x^{n+4}=x^{n+1}+\beta\left(x^{n+2}-x^{n+1}\right) \tag{2-4-4}$$

并计算其函数值 $f_{n+4}=f\left(x^{n+4}\right)$，否则在式（2-4-4）中以 $x^{\mathrm{H}}$ 代替 $x^{n+2}$. 如果 $f_{n+4}<f_{\mathrm{H}}$，则以 $x^{n+4}$ 代替 $x^{\mathrm{H}}$，$f_{n+4}$ 代替 $f_{\mathrm{H}}$，得新单纯形，返回到步骤（3），否则转至步骤（8）.

（8）缩边. 将单纯形缩边，可将各矢量

$$x^{i}-x^{\mathrm{L}}(i=0,1,2,\cdots,n)$$

的长度都缩小一半，即

$$x^{i}=x^{\mathrm{L}}+\frac{1}{2}\left(x^{i}-x^{\mathrm{L}}\right)=\frac{1}{2}\left(x^{i}+x^{\mathrm{L}}\right)(i=0,1,2,\cdots,n)$$

并返回到步骤（2）.

## 2.5 约束极值问题

有约束的最优化问题的一般形式为

$$\begin{gathered}\min f(x), x\in E\\ \text{s.t. } g_{i}(x)\geq 0, i=1,2,\cdots,l\end{gathered}$$

有约束条件的最优化问题通常称为规划问题，其中目标函数和约束条件中的任何一项为非线性的，就称该问题为非线性规划问题. 本节讨论的约束最优化问题是指非线性规划问题.

非线性规划问题的求解非常困难，现有的求解思路大致可以分为三种类型：（1）将约束的问题化为无约束的问题；（2）将非线性问题线性化；（3）将复杂问题简单化.

## 2.5.1　可行方向法

### 2.5.1.1　基本思想和基本原理

一般意义上的可行方向法的基本思想是：对于非线性规划问题min$f(x)$，$x \in R$，$R=\{x|g_i(x)\geq 0, i=1,2,\cdots,l\}$，设 $x^k \in R$，在 $x^k$ 处确定一个下降方向 $\boldsymbol{d}^k$，并确定一个步长 $\lambda_k$，使

$$x^{k+1}=x^k+\lambda_k \boldsymbol{d}^k \in R$$
$$f(x^{k+1})<f(x^k)$$

按此法迭代可得到非线性规划问题的一个解序列 $\{x^k\}$，显然该解序列始终在可行域内，且其目标函数值单调下降，由此，可得到非线性规划问题的最优解.

以上述基本思想为基础，由不同的规则产生的可行方向作为搜索方向形成了不同的可行方向法. 通常所说的可行方向法是Zoutendijk于1960年提出的一种线性化方法，其基本原理如下：

设 $x^k \in R$ 的起作用约束集为非空，则 $x^k$ 处的可行下降方向$\boldsymbol{d}$可由下列不等式组确定

$$\begin{cases}\left[\nabla f(x^k)\right]^{\mathrm{T}} \boldsymbol{d}<0 \\ \left[\nabla g_i(x^k)\right]^{\mathrm{T}} \boldsymbol{d}>0, i \in I\end{cases}$$

求该不等式组中的$\boldsymbol{d}$等价于下述方程组求方向$\boldsymbol{d}$及实数$\eta$

$$\begin{cases}\left[\nabla f(x^k)\right]^{\mathrm{T}}\boldsymbol{d}\le\eta\\-\left[\nabla g_i(x^k)\right]^{\mathrm{T}}\boldsymbol{d}\le\eta,i\in I\\\eta<0\end{cases}$$

由于满足上述约束条件的$\boldsymbol{d}$及$\eta$可能不止一组，可以构造一个规划问题来求其中一组，下列线性规划问题可实现这一目标：

$$\min\eta$$
$$\begin{cases}\left[\nabla f(x^k)\right]^{\mathrm{T}}\boldsymbol{d}\le\eta\\-\left[\nabla g_i(x^k)\right]^{\mathrm{T}}\boldsymbol{d}\le\eta,i\in I\\-1\le d_j\le 1,j=1,2,\cdots,n\end{cases}$$

其中，$\boldsymbol{d}_j$为$\boldsymbol{d}$的第$j$个分量.

#### 2.5.1.2　算法步骤

可行方向法的计算步骤如下：

（1）确定允许误差$\varepsilon_1,\varepsilon_2$，选择初始点$x^0\in R$，并令$k$=0.

（2）确定起作用约束下标集$I\left(x^k\right)=\left\{i\middle|g_i(x^k)=0,1\le i\le l\right\}$.

（3）若$I\left(x^k\right)=\varnothing$（$\varnothing$为空集），且$\left\|\nabla f(x^k)\right\|^2\le\varepsilon_1$，则停止计算，得到近似极小点$x^k$.

（4）若$I\left(x^k\right)=\varnothing$，但$\left\|\nabla f(x^k)\right\|^2>\varepsilon_1$，则取搜索方向$\boldsymbol{d}^k=-\nabla f(x^k)$，转（6）.

（5）若$I\left(x^k\right)\ne\varnothing$，求解线性规划

$$
\min \eta
$$
$$
\begin{cases}
\left[\nabla f(x^k)\right]^{\mathrm{T}} \boldsymbol{d} \le \eta \\
-\left[\nabla g_i(x^k)\right]^{\mathrm{T}} \boldsymbol{d} \le \eta, i \in I \\
-1 \le d_j \le 1, j = 1,2,\cdots,n
\end{cases}
$$

求解得到$\left(\boldsymbol{d}^k,\eta_k\right)$，若$|\eta_k| < \varepsilon_1$，停止迭代．$x^k$为近似极小点，否则以$\boldsymbol{d}^k$为搜索方向，转下一步.

（6）解下述一维极值问题确定步长

$$
\min_{0<\lambda<\lambda'} f\left(x^k + \lambda \boldsymbol{d}^k\right), \lambda' = \max\left\{\lambda \middle| g_i\left(x^k + \lambda \boldsymbol{d}^k\right) \ge 0\right\}
$$

（7）令$x^{k+1} = x^k + \lambda_k \boldsymbol{d}^k, k = k+1$，转（2）.

## 2.5.2　罚函数法与障碍函数法

求解约束非线性规划问题的另一种基本思想是：将有约束的问题转化成一系列的无约束问题．为此，利用目标函数和约束条件构造一个新的函数，求解这种函数的一系列的无约束问题，使其极小点逼近约束问题的最优解．常用的方法有两类：一是罚函数法（又称外点法），另一是障碍函数法（又称内点法）.

### 2.5.2.1　罚函数法

考查如下非线性规划问题

$$
\begin{aligned}
&\min f\left(x\right) = x^2 \\
&\text{s.t.}\quad -x-1 \ge 0
\end{aligned}
$$

定义一个新的函数

$$\varphi(x)=\begin{cases}0,-x-1\geq 0\\+\infty,-x-1<0\end{cases}$$

并令

$$P(x)=f(x)+\phi(x)$$

这样，$P(x)$在可行域上等于$f(x)$，在可行域之外取无穷大值，$P(x)$的无约束极小点就是原问题的极小点．但是函数$P(x)$在$x$=−1处不连续，在可行域外取无穷大值，该函数的性质不好，难以应用已有的无约束优化求解方法．因此，必须对所构造的函数加以改进，使$P(x)$连续，在可行域上等于目标函数，在可行域外等于目标函数加一个函数为正的项，利用这个正项代替原来的+∞，该正项被称为惩罚项．为使这两个问题的极小点重合或接近，需引进参数$M$，使惩罚项的值随着$M$的增大而不断变大．为此，可令

$$P(x,M)=f(x)+M\varphi(x)$$

其中，$M$>0，称为惩罚因子，$\varphi(x)$是正值函数，称为惩罚函数，$M\varphi(x)$为惩罚项．对于上述所讨论的问题，可取

$$\varphi(x)=\begin{cases}0,-x-1\geq 0\\(x+1)^2,-x-1<0\end{cases}$$

$$P(x,M)=\begin{cases}x^2,x\in R\\x^2+M(x+1)^2,x\notin R\end{cases}$$

求$P$（$x$，$M$）的无约束问题的极小点，已知极小点为

$$\bar{x}(M)=-\frac{M}{1+M}$$

通过不断加大 $M, P(x,M)$ 无约束的极小点收敛于 $x^*=-1$，而 $x^*$ 就是原问题的最优解.

解决上述问题的关键是：在可行域外给目标函数增加一个数值很大的正项，当参数$M$的取值不大时，求得的无约束问题的极小点往往在原问题可行域之外. 逐步增大$M$的数值，相对应的极小点一般可从可行域外逐步逼近可行域上原问题的极小点 $x^*$. 这种方法称为罚函数法.

考查约束优化问题

$$\begin{aligned} &\min f(x) \\ &\text{s.t. } x\in R=\left\{x\middle|g_i(x)\ge 0(i=1,2,\cdots,l)\right\} \end{aligned} \tag{2-5-1}$$

引入函数

$$\varphi(t)=\begin{cases}0,t\ge 0\\ t^2,t<0\end{cases}$$

可知，$\varphi(t)$ 一阶连续可导，即

$$\varphi(t)=\begin{cases}0,t\ge 0\\ 2t,t<0\end{cases}$$

取 $t=g_i(x)$，则有

$$\varphi\left(g_i(x)\right)=\begin{cases}0,x\in R\\ g_i^0(x),x\notin R\end{cases}=\left[\min\left\{0,g_i(x)\right\}\right]^2,i=1,2,\cdots,l$$

当 $x\in R$ 时，有

$$\sum_{i=1}^{l}\varphi\left(g_i(x)\right)=0$$

当 $x\notin R$ 时，有

$$0<\sum_{i=1}^{l}\varphi\left(g_i(x)\right)<\infty$$

定义函数

$$P(x,M)=f(x)+M\sum_{i=1}^{l}\left[\min\{0,g_i(x)\}\right]^2$$

其中，$P(x,M)$ 为罚函数，$M$为惩罚因子，$M\sum_{i=1}^{l}\left[\min\{0,g_i(x)\}\right]^2$ 为惩罚项.

随着$M$的增大，可得到一系列无约束极值问题：

$$\min_{x\in E^n} P(x,M) \tag{2-5-2}$$

设对于第一个$M>0$，根据式（2–5–2）求得最优解 $x_M$，当 $x_M\in R$ 时，任取 $x\in R$ 都有

$$f(x)=P(x,M)\geq P(x_M,M)=f(x_M)$$

故 $x_M$ 也是问题（2–5–1）的最优解.

取一严格单增且趋于+∞的惩罚因子数列$\{M_k\}$：

$$0<M_1<M_2<\cdots<M_k<\cdots,\lim_{k\to\infty}M_k=+\infty$$

对应的罚函数为

$$P(x,M_k)=f(x)+M_k\sum_{i=1}^{l}\left[\min\{0,g_i(x)\}\right]^2$$

可知，$M_k$ 越大，惩罚作用越强. 这样，我们可以不断地增大惩罚因子$M$的值，使相应的罚函数的极小点 $x_M$ 不断靠近可行域，一旦 $x_M\in R$，那么它就是式（2–5–1）的最优解. 当然，$x_M$ 可能总不属于$R$，但不断增大惩罚因子，惩罚项的值也会不断增大，在一定条件下，$P(x,M)$ 的极小点的极限点属于$R$，且是式（2–5–1）的最优解. 上述方法是通过一系列无约束极小化问题的解而得到的约束问题的最优解. 这种方法也叫作序列无约束极小化方法.

罚函数法的算法步骤如下：

（1）取初始点 $x^0$，精度要求 $\varepsilon > 0, M_1 > 0$，并令 $k = 0$；

（2）求无约束优化

$$\min_{x \in E^n} P(x, M_k) = f(x) + M_k \sum_{i=1}^{l} \left[ \min\{0, g_i(x)\} \right]^2$$

（3）若满足

$$M_k \sum_{i=1}^{l} \left[ \min\{0, g_i(x)\} \right]^2 < \varepsilon$$

则停止计算，取 $x^* = x^k$，否则转下一步.

（4）取 $M_{k+1} > M_k$，令 $k = k + 1$，转（2）.

### 2.5.2.2　障碍函数法

障碍函数法的基本思想是：要求迭代过程始终在可行域内部进行，其初始点必须取在可行域内部，再在可行域边界上设置一道“障碍”，当迭代点由可行域内部向边界靠近时，目标函数取值很大，迫使迭代点留在可行域内部.

仍然考虑式（2–5–1）所描述的约束优化问题. 为保证迭代点在可行域内部，可构造障碍函数：

$$\overline{P}(x, r) = f(x) + rB(x)$$

其中，$rB(x)$ 为障碍项，$r > 0$ 为障碍因子，当迭代点趋向边界时，函数 $B(x)$ 趋向无穷大. 为达到上述目的，$B(x)$ 可用如下两种形式构造.

$$B(x) = \sum_{i=1}^{l} \frac{1}{g_i(x)}$$

由于$r$是很小的整数，当$x$趋于边界$\left(g_i(x)\to 0\right)$时，$\overline{P}(x,r)\to\infty$；否则，$\overline{P}(x,r)\approx f(x)$，因此，式（2–5–1）所描述的问题可转化为如下问题

$$\begin{aligned}&\min \overline{P}(x,r)=f(x)+rB(x)\\&\text{s.t. } x\in \operatorname{int} R\end{aligned}\tag{2–5–3}$$

其中，$\operatorname{int} R$表示在$R$内部.

从形式上看，式（2–5–3）所描述的问题仍然是个有约束的极值问题，但由于在$R$的边界处，它的目标函数将变得很大，当然不可能获得最优解.所以，只要从$R$的内部一点开始，并注意控制一维搜索的步长，就可以使以后的迭代点不越过可行域$R$，这实际上就是一个无约束的极值问题.

具体求解时，采用的也是序列无约束极小化方法，取一严格单减且趋于0的障碍因子数列$\{r_k\}$：

$$r_1>r_2>\cdots>r_k>\cdots,\lim_{k\to\infty} r_k=0$$

对每一个$r_k$，从可行域内部出发，求解式（2–5–3）.

障碍函数法的具体步骤如下：

（1）确定初始点$x^0\in R$，初始障碍因子$r_1>0$，步长缩减系数$\beta\in(0,1)$，允许误差$\varepsilon>0$，令$k$=0.

（2）构造障碍函数$B(x)$.

（3）以$x^{k+1}$为初始点，求解问题

$$\begin{aligned}&\min \overline{P}(x,r_k)=f(x)+r_kB(x)\\&\text{s.t. } x\in \operatorname{int} R\end{aligned}$$

设求得的极小点为$x^k$.

（4）若$r_kB(x)<\varepsilon$，则$x^k$为近似极小点，停止计算；否则，令$r_{k+1}=\beta r_k$，$k=k+1$，转（3）.

# 2.6 运用LINGO求解非线性规划问题

从上述求解非线性规划的方法可以看出，非线性规划的求解是十分困难的，在实际应用中往往需要实证分析．借助计算机软件求解非线性规划对于实际应用具有重要意义．常见的软件如EXCEL、MATLAB以及LINGO等均可求解较为简单的非线性规划问题．由于LINGO输入格式较为灵活，应用较为方便，这里通过一些例子的简单求解过程介绍如何用LINGO求解非线性规划问题．

**例2.6.1** 用LINGO求解下列非线性规划问题．

$$\max f(x)=80x_1-(1/15)x_1^2+150x_2-(1/5)x_2^2$$

$$\text{s.t.}\begin{cases}(7/10)x_1+x_2\le 630\\(1/2)x_1+(5/6)x_2\le 600\\x_1+(2/3)x_2\le 700\\(1/10)x_1+(1/4)x_2\le 135\\x_1,x_2\ge 0\end{cases}$$

打开LINGO执行程序，将如下形式输入界面：

```
max = 80 * x1 - (1/15) * x1^2 + 150 * x2 - (1/5) * x2^2;
(7/10) * x1 + x2 < 630;
(1/2) * x1 + (5/6) * x2 < 600;
x1 + (2/3) * x2 < 700;
(1/10) * x1 + (1/4) * x2 < 135;
```

上述输入格式中："*"表示乘法，"/"表示除法，"^"表示幂数，目标函数与约束条件以及约束条件之间用"；"隔开.

从LINGO菜单中选择Sovle命令．得到问题的最优解为$x_1$=459，$x_2$=308，目标函数值为49920.

**例2.6.2** 用LINGO求解下列非线性规划问题

$$\min f(x)=x_1^2+x_2^2-16x_1-10x_2$$
$$\text{s.t.}\begin{cases} g_1(x)=-x_1^2+6x_1-4x_2+11\geq 0 \\ g_2(x)=-x_1^2+6x_1-4x_2+11\geq 0 \\ g_3(x)=x_1-3\geq 0 \\ g_4(x)=x_2\geq 0 \end{cases}$$

打开LINGO执行程序，将如下形式输入界面：

```
min = x1^2 + x2^2 - 16*x1 - 10*x2;
(-1)*x1^2 + 6*x1 - 4*x2 > -11;
(-1)*@exp(x1 - 3) + x1*x2 - 3*x2 > -1;
x1 > 3;
```

上述输入格式中要注意的地方是：

（1）当目标函数和约束条件的第一项为负号时，一般以"（-1）"作为系数与相应变量或函数相乘，因为在LINGO软件中，如果函数的第一项为$-x_1^2$，当输入格式为"-x1^2"时，程序会按$(-x_1)^2$计算.

（2）LINGO软件中提供了常用的函数．输入时可直接使用，但在函数前面必须加上"@"，如@exp，@log，@sin，@cos，@sqrt等.

对于上述输入模型，从LINGO菜单中选择Sovle命令，得到问题的最优解为$x_1$=5.24，$x_2$=3.746．目标函数值为-79.81，且第一个和第二个约束条件均为起作用约束.

**例2.6.3**　用LINGO求解下列非线性规划问题

$$\min f(x)=(x_1+1)^2-(x_2+1)^2$$
$$\text{s.t.}\begin{cases}x_1^2+x_2^2-2\le 0\\ x_2-1\le 0\end{cases}$$

打开LINGO执行程序，将如下形式输入界面：

```
min=(x1+1)^2+(x2+1)^2;
x1^2+x2^2<2;
x2<1;
@free(x1);
@free(x2);
```

上述输入格式中要注意的地方是：

（1）当模型对某一个变量没有限制时，需要用@free指出，否则默认变量为非负.

（2）当要求某个变量为一般整数时，需要用@gin指出，当要求某个变量为0–1变量时，需要用@bin指出.

对于上述输入模型，从LINGO菜单中选择Sovle命令，得到问题的最优解为$x_1$=–1，$x_2$=–1，目标函数值为0. 如果漏掉@free（x1），@free（x2），求解结果为$x_1$=0，$x_2$=0，目标函数值为2，从而得到错误结果.

**例2.6.4**　用LINGO求解下列非线性规划问题

$$\max f(x)=0.92x_1+0.64x_2+0.41x_3$$
$$\text{s.t.}\begin{cases}x_1+x_2+x_3=1\\ \left(180x_1^2+120x_2^2+140x_3^2+72x_1x_2+220x_1x_3-60x_2x_3\right)^{1/2}\le 12\\ x_1,x_2,x_3\ge 0\end{cases}$$

打开LINGO执行程序，将如下形式输入界面：

```
model:
sets:
num_i/1..3/: e, x;
endsets
data:
c=0.92, 0.64, 0.41;
enddata
[obj]max=@sum (num_i (i): c (i) *x (i) );
x (1) +x (2) +x (3) =1;
(180*x (1) ^2+120*x (2) ^2+140*x (3) ^2+72*x (1) *x (2)
+220*x (1) *x (3) -60*x (2) *x (3) ) * (1/2) <12;
@for (num_i (i): x (i) >=0;  );
end
```

对于上述输入程序，从LINGO菜单中选择Sovle命令，得到问题的最优解为$x_1$=0.86，$x_2$=0.141，$x_3$=0.00，目标函数值为0.881.

从该模型的LINGO输入格式可以看出，LINGO具有很好的编程功能，某些非线性规划问题可能较为复杂，模型需要重复利用，模型中含有重复计算约束方程等，LINGO为此提供了相应的程序语言，而要掌握这些程序语言需要对LINGO有较深入的了解.

# 第3章　动态规划

动态规划（dynamic programming，DP）是求解多阶段决策问题的一种最优化方法，所谓多阶段决策问题是指这样一类问题．这些问题的决策过程可分成几个相互联系的阶段，每个阶段都有若干种方案可供选择，要求分别在每个阶段做出决策，使问题整体取得最优结果．动态规划方法的特点是把相对困难得多阶段决策问题转换成一系列比较容易求解的单阶段决策问题．

## 3.1　动态规划的特征

驿站马车问题是动态规划问题的范例，这一范例的设计是为了对动态规划问题进行具体的解释．因此，一种识别动态规划问题的方法，就是该问题的结构是否与驿站马车问题的结构类似．

本节对提出动态规划问题的基本特征，并对其进行讨论，具体如下．

（1）问题可以划分为多个阶段（stages），每个阶段对应一个策略决策

(policy decision). 驿站马车问题中，根据旅程的实际情况，将问题分为了4个阶段. 每个阶段对应的策略决策是选择保险金额（根据金额确定马车的下一站）. 与此类似，其他的动态规划问题也需要制定一系列的决策，并且这些决策与其问题的阶段划分相一致.

（2）每个阶段都存在一些与该阶段开始就相关的状态. 驿站马车问题中，每个阶段的状态是该阶段开始时所处的州以及该阶段结束时所在的州. 一般来说，状态指的就是动态规划问题中每个阶段各种可能的情况，状态的数量可以是有限的（如驿站马车问题），同时也可以是无限的（之后的例子会涉及）.

（3）每个阶段的策略决策结果是导致当前状态向下一阶段开始时的状态转变（可能是依据概率分布的）. 淘金者下一个目的地的决策，使他在旅程中从一个州走到下一个州. 这一过程表明，动态规划问题可以用网络来解释，网络中每个节点代表一个状态，网络由节点组成的列构成，每一列代表一个阶段，从网络中的一个点只能向右面的列流动. 连接两个点之间的链代表了一种策略决策. 而链的价值表示执行这一决策策略后对目标函数的直接贡献. 多数情况下，动态规划问题的目标是通过网络寻找最短或最长路径.

（4）求解问题的过程可以为所有的问题提供一个最优策略，如为每一阶段、每个可能的状态提供最优策略决策. 驿站马车问题求解的过程中，为每个阶段构建了一个表格，指明处于该阶段开始时的最优决策，因此，假如淘金者第一个阶段没有选择最优路线，而是去了B州，那么，驿站马车问题的求解结果依旧可以为他提供一个从该阶段开始的最优路线. 对任何采用动态规划方法解决的问题，分析结果为该问题提供了每个可能的状态下应该做的策略决定，而并非简单地指出一种从始到终的最优策略.

（5）已知目前状态的情况下，剩余阶段的最优策略与先前阶段采用的策略无关. 因此，最优决策要依据当前的状态，而与如何到达这种状态没有关系，这是动态规划的最优原理. 已知淘金者目前所在的州，之后的旅程中保险金额最低的路线与他如何到这个州没有关系. 通常，在动态规划问题中，系统当前的状态所展示出的信息，包含了所有其先前的决定中会对之后决策造成影响的信息（该特性是马尔可夫链的性质）. 任何不具备这一特征的问题，都不能通过建立动态规划模型来求解.

（6）求解的过程从为最后一个阶段找出最优策略开始．最后一个阶段的最优决策，表示该阶段每种可能状态的最优决策策略．这个单一阶段的问题求解方法采用尝试的办法．

（7）从$n+1$阶段的最优策略，可以通过递推关系确定第$n$阶段的最优策略．驿站马车问题中的递推关系为

$$f_n^*(s)=\min_{x_n}\left\{c_{sx_n}+f_{n+1}^*(x_n)\right\}$$

上式是针对特定问题的动态规划递推关系，这里利用类比的方法，对动态规划问题普遍的递推关系进行概括：

$N$=阶段的数量；

$n$=当前阶段的标号（$n$=1，2，…，$N$）；

$s_n$=第$n$阶段的当前状态；

$x_n$=第$n$阶段的决策变量；

$x_n^*=x_n$的最优值（给定$s_n$的情况下）；

$f_n(s_n,x_n)$=从$n$阶段的$s_n$状态出发，直接决策为xn时，阶段$n$，$n+1$，…，$N$对目标函数的贡献值，然后据此确定最优决策时的贡献值为

$$f_n^*(s_n)=f_n(s_n,x_n^*)$$

这种递推关系总是表示为

$$f_n^*(s_n)=\max_{x_n}\left\{f_n(s_n,x_n)\right\}$$

或者

$$f_n^*(s_n)=\min_{x_n}\left\{f_n(s_n,x_n)\right\}$$

式中，$f_n(s_n,x_n)$可以用$s_n$、$x_n$，$f_{n+1}^*(s_{n+1})$等表示，正是由于$f_n^*(s_n)$和$f_{n+1}^*(s_{n+1})$可以通过这种方式互相表示，所以具备了递推的关系．

处理问题时，一步步的逆序分析，使得这种递推的关系不断重复．直到数字$n$的值降到1．这种特性在下一个特点中会进一步强调．

（8）利用递推关系求解动态规划问题时，我们从问题的最后出发，一步

一步向前推导，直至找到第1阶段的最优策略．第1阶段的最优策略就是整个问题的最优解决方案，即初始阶段$s$，选择$x_1^*$这一决策变量；第2阶段$s_2$选择$x_2^*$这一决策变量，依此类推．

驿站马车问题的求解演示了整个逆向递推的过程，$D$对于所有动态规划问题，每个阶段（$n=N$，$N-1$，…，1）都可以使用如表3-1的形式．

表3-1

| $x_n$ \ $s_n$ | $f_n(s_n,x_n)$ | $f_n^*(s_n)$ | $x_n^*$ |
| --- | --- | --- | --- |
| | | | |

最初阶段（$n=1$）时，得到这个表格后就解决了动态规划需要解决的问题．

# 3.2 投资分配问题

如图3-1所示，共三个阶段．圈内数字为各阶段初所拥有的资金数量，弧权为相应投资之后的利润增长额．

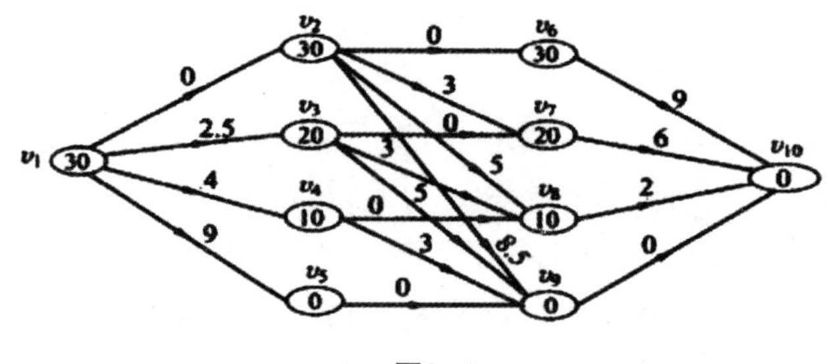


图3-1

计算程序如下：

```
MODEL:
    SETS:
     Nodes/1..10/:b;
         Arcs(Nodes,Nodes)/1,2 1,3 1,4 1,5 2,6 2,7 2,8 2,9 3,7 3,8 3,9 4,8 4,9 5,9
6,10 7,10 8,10 9,10/:W,X;
        ENDSETS
        Max =@Sum(Arcs(i,j):W(i,j)# X(i,j));
        @For(Nodes(i):@Sum(Arcs(i,j):X(i,j))= @Sum(Arcs(j,i):X(j,i))+ b(i));
        @For(Arcs:@Bin(X));
        DATA:
        b=1.0.0.0,0.0.0.0,0.-1;
        W=0 2.5 4 9 0 3 5 8.5 0 3 5 0 3 0 9 6 2 0;
     ENDDATA
    END
```

注：该程序是根据最小费用流模型编制的.

计算结果：目标值为9.$X(1,5)=X(5,9)=X(9,10)=1$，其余为零，即给工厂1投资3000万元，其他工厂不投资，利润增加900万元.

## 3.3 “背包”问题

**例3.3.1**　假设一人准备外出旅行，可以携带的物品有$n$种，他的背包负重最多不超过$a$ kg．已知第$k$种物品每件重量为$a_k$kg，价值为$c_k$．问此人应如何选择所带物品，使得总价值最大？

设$u_k$为第$k$种物品装入的件数，则数学模型为

$$\max z = \sum_{k-1}^{n} c_k u_k$$

$$\text{s.t.}\begin{cases} \sum_{k-1}^{n} c_k u_k \le a \\ u_k \ge 0 \text{为整数}，k = 1, 2, \cdots, n \end{cases}$$

这是一维背包问题（只有一个行约束）的一般表述．显然，它是一个整数规划问题．假如每一种物品只有一件，那么$u_k$只取0或1，问题又称为0–1背包问题，如果除了重量限制之外，再增加背包的体积限制条件

$$\sum_{k-1}^{n} b_k u_k \le b$$

其中，$b_k$是第$k$种物品每件的体积，$b$为背包的最大装入空间，则是二维背包问题．我们用动态规划方法解背包问题．

**例3.3.2**　有一辆载重20t的卡车，装运三种不同的货物．已知三种货物的单件重量和装运收益（见表3–2）．又规定第2种和第3种货物最多装两件，问如何装载这三种货物可使该车一次运输的收益最大？

表3–2

| 货物 | 重量（t/件） | 收益（万元/件） |
|---|---|---|
| 1 | 3 | 4 |
| 2 | 4 | 5 |
| 3 | 5 | 6 |

设$u_k$为第$k$种货物的装载件数，该问题的整数规划模型为

$$\max z = 4u_1 + 5u_2 + 6u_3;$$

$$\text{s.t.}\begin{cases}3u_1+4u_2+5u_3\le 20,\\ \quad u_2 \le 2,\\ \quad u_3\le 2,\\ u_k\ge 0\text{取整数},\ k=1,2,3.\end{cases}$$

将问题分成三个阶段. 设$s_k$在第$k$阶段初，卡车拥有的装载能力；$u_k$装载第$k$种货物的件数；$r_k(s_k, u_k)$装载第$k$种货物的收益，有

$$r_k(s_k,u_k)=c_ku_k$$

其中，$c_1=4$，$c_2=5$，$c_3=6$.

$f_k(s_k)$在有装载能力$s_k$的情况下，装入第$k$种，第$k+1$种…第3种货物可获收益的最大值. 状态转移方程为

$$s_{k+1}=s_k-a_ku_k,\ k=3,2,1$$

其中，$a_1=3$，$a_2=4$，$a_3=5$.

基本函数方程为

$$\begin{cases}f_k(s_k)=\max\limits_{u_k\in D_k(s_k)}\{r_k(s_k,u_k)+f_{k+1}(s_{k+1})\},k=3,2,1,\\ f_4(s_4)=0.\end{cases}$$

可能状态集合：

$$S_k=\{s_k\mid 0\le s_k\le 20,s_k\in Z\},k=2,3,S_1=\{20\},$$

其中，$Z$表示整数集.

考虑$k=3$. 因为

$$D_3(s_3)=\left\{u_3\mid 0\le u_3\le\min\left\{\left[\frac{s_3}{5}\right],2\right\},u_3\in Z\right\}$$

其中，$[x]$表示不超过$x$的最大整数．所以，当$s_3$=0，1，…，4时，$D_3(s_3)=\{0\}$；当$s_3$=5，6，…，9时，$D_3(s_3)=\{0, 1\}$；当$s_3$=10，11，…，20时，$D_3(s_3)=\{0, 1, 2\}$，

$$f_3(s_3)=\max_{u_3\in D_3(s_3)}\{6u_3\}$$

计算结果见表3–3.

表3–3

| $s_3$ \ $u_3$ \ $f_3$ | $6u_3$ | | | $f_3(s_3)$ | $u_1^*(s_3)$ |
|---|---|---|---|---|---|
| | 0 | 1 | 2 | | |
| 0～4 | 0 | | | 0 | $0^*$ |
| 5～9 | | 6 | | 6 | $1^*$ |
| 10～20 | | | 12 | 12 | 2 |

考虑$k$=2．因为

$$D_2(s_2)=\left\{u_2 \mid 0\le u_2\le \min\left\{\left[\frac{s_2}{4}\right],2\right\},u_2\in Z\right\}$$

所以当$s_2$=0,1,2,3时，$D_2(s_2)=\{0\}$；当$s_2$=4,5,6,7时，$D_2(s_2)=\{0,1\}$；当$s_2$= 8,9,10,⋯,20时，$D_2(s_2)=\{0,1,2\}$.

$$f_2(s_2)=\max_{u_2\in D_2(s_2)}\{5u_2+f_3(s_2-4u_2)\}$$

计算结果见表3–4.

表3-4

| $u_2$ \ $f_2$ / $s_2$ | $5u_2+f_3(s_2-4u_2)$ | | | $f_2(s_2)$ | $u_2^*(s_2)$ |
|---|---|---|---|---|---|
| | 0 | 1 | 2 | | |
| 0～3 | 0+0 | | | 0 | 0 |
| 4 | 0+0 | 5+0 | | 5 | 1 |
| 5～7 | 0+6 | 5+0 | | 6 | $0^*$ |
| 8 | 0+6 | 5+0 | 10+0 | 10 | $2^*$ |
| 9 | 0+6 | 5+6 | 10+0 | 11 | 1 |
| 10～12 | 0+12 | 5+6 | 10+0 | 12 | 0 |
| 13 | 0+12 | 5+6 | 10+6 | 16 | 2 |
| 14～17 | 0+12 | 5+12 | 10+6 | 17 | 1 |
| 18～20 | 0+12 | 5+12 | 10+12 | 22 | 2 |

当$k$=1时，因为$S_1$={20}，所以

$$D_1(s_1)=D_1(20)=\left\{u_1 \mid 0\le u_1\le\left[\frac{20}{3}\right],u_1\in Z\right\}=\{0,1,2,\cdots,6\}$$

$$f_1(s_1)=\max_{u_1\in D_1(s_1)}\{4u_1+f_2(s_1-3u_1)\}$$

计算结果列于表3-5中.

表3-5

| $s_1$ \ $u_1$ \ $f_1$ | $4u_1+f_2(s_1-3u_1)$ | | | | | | | $f_1(s_1)$ | $u_1^*(s_1)$ |
|---|---|---|---|---|---|---|---|---|---|
| | 0 | 1 | 2 | 3 | 4 | 5 | 6 | | |
| 20 | 0+22 | 4+17 | 8+17 | 12+12 | 16+10 | 20+6 | 24+0 | 26 | $4^*$，$5^*$ |

由表3-3逆向追踪，知有两种装载方案：

（1）$u_1^*=4$，$u_2^*=2$，$u_3^*=0$；

（2）$u_1^*=5$，$u_2^*=0$，$u_3^*=1$.

最大装载收益为2 600元.

**例3.3.3** 某商店准备采购100万元的货物，拟在五种畅销的货物中选择，已知采购各种货物所需金额和购进后所能获得的利润如表3-6所示．问应采购哪几种货物才能获利最大?

表3-6

| 货物 | 采购所需金额（万元） | 利润（万元） |
|---|---|---|
| 1 | 56 | 7 |
| 2 | 20 | 5 |
| 3 | 54 | 9 |
| 4 | 42 | 6 |
| 5 | 15 | 3 |

**解**：设

$$u_k=\begin{cases}1,\text{采购第}k\text{种货物,}\\0,\text{不采购第}k\text{种货物.}\end{cases}k=1,2,\cdots,5$$

其数学模型为

$$\max z = 7u_1 + 5u_2 + 9u_3 + 6u_3 + 3u_5;$$
$$\text{s.t.}\begin{cases}56u_1 + 20u_2 + 54u_3 + 42u_4 + 15u_5 \le 100, \\ u_k = 0\text{或}1,\ k=1,2,\cdots,5.\end{cases}$$

计算程序及结果:

```
MODEL:
    SETS:
      Nodes/1..5/:C,W,U;
      ENDSETS
      Max=@Sum(Nodes:C*U);
      @Sum(Nodes:w*U)<=100;
      @For(Nodes:@Bin(U));
    DATA:
      C= 7 5 9 6 3;
      W=56 20 54 42 15;
    ENDDATA
   END
      Global optimal solution found at iteration;       0
      objective value:               17.00000
                   Variable            Value
                     U(1)            0.000000
                     U(2)            1.000000
                     U(3)            1.000000
                     U(4)            0.000000
                     U(5)            1.000000
```

即采购第2，3，5种货物，总利润17万元.

## 3.4 设备更新问题

一台设备在比较新时，收益好，维修费用少，随着使用年限增加，收益就会减少，维修费用会增加．如果更新该设备，要支付一笔购买费用．为了比较决策[更新（R）或维修（K）]好坏，需要在一个较长的时间内来考虑．

设$r_k(s_k)$为在第$k$年设备役龄为$s_k$年，再使用1年的效益，$u_k(s_k)$为在第$k$年设备役龄为$s_k$年，再使用1年的维修费用，$c_k(s_k)$为在第$k$年役龄为$s_k$年设备的更新净费用（添置新设备卖掉旧设备的差价）．考虑阶段为$k=1,2,\cdots,n$．问题的状态变量为役龄$s_k$，决策变量为$x_k$（$R$或$K$）．容易看出，第$k$年的收益为

$$v_k\left(s_k,x_k\right)=\begin{cases}r_k\left(s_k\right)-u_k\left(s_k\right), & 若x_k=K\\ r_k\left(0\right)-u_k\left(0\right)-c_k\left(s_k\right), & 若x_k=R\end{cases}$$

令$f_k\left(s_k\right)$为第$k$年初一台役龄为$s_k$的设备到第$n$年末的最大收益，则由动态规划的最优性原理可得下列逆向递归方程：

$$f_k\left(s_k\right)=\max_{x_k=K,R}\left\{v_k\left(s_k,x_k\right)+f_{k+1}\left(s_{k+1}\right)\right\}\left(k=n,n-1,\cdots,1\right)$$

**例3.4.1** 设某新设备的年效益，年维修费用和更新净费用如表3–7所示（单位:百万元）．试确定今后5年内的更新策略使得总收益最大．

表3–7

| 役龄 $s_k$ | 0 | 1 | 2 | 3 | 4 | 5 |
|---|---|---|---|---|---|---|
| $r_k\left(s_k\right)$ | 10 | 9 | 8 | 7.5 | 6 | 5 |
| $u_k\left(s_k\right)$ | 1 | 2 | 3 | 4 | 5 | 6 |
| $c_k\left(s_k\right)$ | 1 | 3 | 4.5 | 5 | 6 | 7 |

**解**：设备更新问题数学模型为

$$\max \sum_{k} v_k\left(s_k, x_k\right)$$

其中
$$v_k\left(s_k, \dot{x}_k\right)=\begin{cases} r_k\left(s_k\right)-u_k\left(s_k\right), & \text{若} x_k=K \\ r_k(0)-u_k(0)-c_k\left(s_k\right), & \text{若} x_k=R \end{cases}$$

利用动态规划的最优性原理，我们可以用逆向递归方法来求最优解．令$f_k(s_k)$为第$k$年初一台役龄为$s_k$的设备到第5年末的最大收益，则可得下列递归方程：

$$f_k\left(s_k\right)=\max_{x_k=K,R}\left\{v_k\left(s_k, x_k\right)+f_{k+1}\left(s_{k+1}\right)\right\}(k=5,4,\cdots,1)$$

最后我们要求的是$f_k(s_k)$．在计算中，我们需要对应于各种的役龄收益值如表3-8所示．

表3-8

| 役龄 $s_k$ | 0 | 1 | 2 | 3 | 4 | 5 |
|---|---|---|---|---|---|---|
| $r_k\left(s_k\right)-u_k\left(s_k\right)$ | 9 | 7 | 5 | 3.5 | 1 | −1 |
| $r_k(0)-u_k(0)\ c_k\left(s_k\right)$ | 8 | 6 | 4.5 | 4 | 3 | 2 |

阶段5　求$f_5(s_k)$，其中$s_k$=1,2,3,4.

$$f_5(1)=\max\begin{cases} r_5(1)-u_5(1)=7^*, & x_5(1)=K \\ r_5(0)-u_5(0)-c_5(1)=6, & x_5(1)=R \end{cases}$$

$$f_5(2)=\max\begin{cases} r_5(2)-u_5(2)=5^*, & x_5(2)=K \\ r_5(0)-u_5(0)-c_5(2)=4.5, & x_5(2)=R \end{cases}$$

$$f_5(3)=\max\begin{cases} r_5(3)-u_5(3)=3.5, & x_5(3)=K \\ r_5(0)-u_5(0)-c_5(3)=4^*, & x_5(3)=R \end{cases}$$

$$f_5(4)=\max\begin{cases} r_5(4)-u_5(4)=1, & x_5(4)=K \\ r_5(0)-u_5(0)-c_5(4)=3^*, & x_5(4)=R \end{cases}$$

阶段4　求$f_4(s_k)$,其中$s_k$=1,2,3.

$$f_4(1)=$$
$$\max\begin{cases} r_4(1)-u_4(1)+f_5(2)=7+5=12, & x_4(1)=K \\ r_4(0)-u_4(0)-c_4(1)+f_5(1)=6+7=13^*, & x_4(1)=R \end{cases}$$

$$f_4(2)=$$
$$\max\begin{cases} r_4(2)-u_4(2)+f_5(3)=5+4=9, & x_4(2)=K \\ r_4(0)-u_4(0)-c_4(2)+f_5(1)=4.5+7=11.5, & x_4(2)=R \end{cases}$$

$$f_4(3)=$$
$$\max\begin{cases} r_4(3)-u_4(3)+f_5(4)=3.5+3=6.5, & x_4(3)=K \\ r_4(0)-u_4(0)-c_4(3)+f_5(1)=4+7=11^*, & x_4(3)=R \end{cases}$$

阶段3求$f_3(s_k)$,其中$s_k$=1,2.

$$f_3(1)=$$
$$\max\begin{cases} r_3(1)-u_3(1)+f_4(2)=7+11.5=18.5, & x_3(1)=K \\ r_3(0)-u_3(0)-c_3(1)+f_4(1)=6+13=19^*, & x_3(1)=R \end{cases}$$

$$f_3(2)=$$
$$\max\begin{cases} r_3(2)-u_3(2)+f_4(3)=5+11=16, & x_3(2)=K \\ r_3(0)-u_3(0)-c_3(2)+f_4(1)=4.5+13=17.5^*, & x_3(2)=R \end{cases}$$

阶段2　求$f_2(s_k)$,其中$s_k$=1.

$$f_2(1)=$$
$$\max\begin{cases} r_2(1)-u_2(1)+f_3(2)=7+17.5=24.5, & x_2(1)=K \\ r_2(0)-u_2(0)-c_2(1)+f_3(1)=6+19=25^*, & x_2(1)=R \end{cases}$$

阶段1　求$f_1(s_k)$,其中$s_k=0$.

$$f_1(1)=$$
$$\max\begin{cases} r_1(0)-u_1(0)+f_2(1)=9+25=34, & x_1(0)=K \\ r_1(0)-u_1(0)-c_1(1)+f_2(1)=8+25=33^*, & x_1(0)=R \end{cases}$$

设备更新计划：由于$f_1(0)=34$，故设备更新最佳计划的收益为34百万元. 用逆向递推可得更新计划：由$f_1(0)=34$得知$x_1(0)=K$，$f_2(1)=25$，再得知$x_2(1)=R$，$f_3(1)=19$，再推得$x_3(1)=R$，$f_4(1)=13$，再推得$x_4(1)=R$，$f_5(1)=7$，最后得知$x_5(1)=K$.

# 3.5　多阶段生产安排问题

有某种原料，可用于两种方式的生产，原料用于生产后，除产生一定的收益外，还可以收回一部分. 生产信息如表3–9所示.

表3–9

| 生产 | 方式1 | 方式2 |
|---|---|---|
| 收益函数 | $g_1(x)$ | $g_2(x)$ |
| 回收函数 | $a_1x$ | $a_2x$ |

其中，$x$为该原料的投入量，$g_1(x)$与$g_2(x)$分别为第I种生产方式和第Ⅱ种生产方式的收益函数，$a$为1按第I种生产方式生产时的原料回收率（$0<a_1<1$），

$a_2$为按第II种生产方式生产时的原料回收率（$0<a_2<1$）.

今有原料$\overline{x}_1$吨，计划进行$n$个阶段的生产，问每个阶段如何分别确定两种生产方式原料的投入量，使得总收益最大?

为了用动态规划求解，令$f_k(x)$=资源数量为$x$，进行$k$个阶段的生产，采取最优决策安排生产时所得的最大总收益值（$k=1,2,\cdots,n$）

我们把目前所具有的原料数$x$（即投入量）作为状态变量，$k$作为阶段数.设想在第一个阶段将数量为$y$的原料用于第I种方式生产，那么用于第II种方式生产的原料数量为$x-y$，第一个阶段生产后的总收益为$g_1(y)+g_2(x-y)$，回收的原料数量为$a_1y+a_2(x-y)$，如果在以后的$k-1$个阶段采取最优决策安排生产，最大收益将为$f_{k-1}[a_1y+a_2(x-y)]$，于是这$k$个阶段的总收益将为$[g_1(y)+g_2(x-y)]+f_{k-1}[(a_1-a_2)y+a_2x]$.

根据动态规划的最优化原理，得到

$$f_k(x)=\max\{g_1(y)+g_2(x-y)+f_{k-1}[(a_1-a_2)y+a_2x]\}0\leq y\leq x$$

其中，$k=2,\cdots,n$.

当$k=1$时，显然有：

$$f_1(x)=\max\{g_1\{(y)+g_2(x-y)\}0\leq y\leq x$$

我们的问题是求出$f_a(\overline{x})$及相应的最优策略.

**例3.5.1** 在多阶段生产安排问题中，设收益函数分别为$g_1(x)=0.6x$（万元），$g_2(x)=0.5x$（万元）回收率分别为$a_1=0.1$，$a_2=0.4$，生产阶段数为$n=3$.

现在原料数量为$\overline{x}=100$（吨）

因为
$$\begin{aligned}f_1(\mathrm{x})&=\max\{g_1(y)+g_2(x-y)\}0\leq y\leq x\\&=\max\{0.6y+0.5(x-y)\}0\leq y\leq x\\&=\max\{0.5x+0.1y\}0\leq y\leq x\end{aligned}$$

在这里的$x$可以看做是（暂时）固定的，变量是$y$，求最大值是将变量$y$限制在区间$[0,x]$中，于是

$$f_1(x)=0.5x+\max\{0.1y\}0\leq y\leq x$$

$$=0.5x+0.1x=0.6x\text{（最优解 }y=x\text{）}$$

我们在这里求得的是一个关于投入量$x$的函数:$f_1(x)=0.6x$，就是说，当投入量是$x$，且若只进行一个阶段生产时，最优策略是把全部原料都投入第一种生产方式，所得最大收益是$0.6x$（万元）.

由已得到的$f_1(x)=0.6x$利用

$$f_k(x)=\max\{g_1(y)+g_2(x-y)+f_{k-1}[(a_1-a_2)y+a_2x]\}0\leq y\leq x\quad k=2,3,\cdots,n$$

可得

$$f_2(x)=\max\{g_1(y)+g_2(x-y)+f_1[(a_1-a_2)y+a_2x]\}$$

$$0\leq y\leq x$$

$$=\max\{0.6y+0.5(x-y)+[0.6(a_1-a_2)y+0.6a_2x]\}$$

$$0\leq y\leq x$$

$$=\max\{0.6y+0.5(x-y)+[0.6(0.1-0.4)y+0.6\times 0.4x]\}$$

$$0\leq y\leq x$$

$$=\max\{0.74x-0.08y\}$$

$$0\leq y\leq x$$

$$=0.74x+\max(-0.08y)$$

$$0\leq y\leq x$$

$$=0.74x+(-0.08)\times 0=0.74x\text{（最优解：}y=0\text{）}$$

就是说，当投入量是$x$时，若只进行两个阶段的生产，最优策略是：在第一个阶段对生产方式Ⅰ不投入任何原料（即把全部原料投入生产方式Ⅱ），两个阶段生产的最大收益为$0.74x$. 最后利用得到的表达式：$f_2(x)=0.74x$，求$f<(x)$的表达式.

$$f_3(x)=\max\{g_1(y)+g_2(x-y)+f_2[(a_1-a_2)y+a_2x]\}$$

$$0\leq y\leq x$$

$$=\max\{0.6y+0.5(x-y)+0.74(0.1-0.4)y+0.74\times 0.4x\}$$

$0 \le y \le x$

$=\max\{0.796x-0.122y\}$

$0 \le y \le x$

$=0.796x+\max\{-0.122y\}$

$0 \le y \le x$

$=0.796x+(-0.122)\times 0$

$=0.796x$(最优解$y=0$)

就是说，当投入量是$x$，若只进行三个阶段的生产，最优策略是：在第一个阶段对生产方式Ⅰ不投入任何原料（即将全部原料投入生产方式Ⅱ），三个阶段的最大收益是$0.796x$．由此得到$f_3(x)=0.796x=0.796\times 100=79.6$（万元）相应的最优策略是:

第一阶段把全部原料投入生产方式Ⅱ；

第二阶段把全部原料投入生产方式Ⅱ；

第三阶段把全部原料投入生产方式Ⅰ.

实际上，当第一阶段把全部原料100吨投入生产方式Ⅱ时，收益及回收的原料分别为:

收益$=0.5\times 100=50$万元

回收$=0.4\times 100=-40$万元

当第二阶段把40吨原料全部投入生产方式Ⅱ时，收益及回收的原料分别为:

收益$=0.5\times 40=20$万元

回收$=0.4\times 40=16$万元

当第三阶段把16吨原料全部投入生产方式Ⅰ时收益为:

收益$=0.6\times 16=9.6$万元

于是三个阶段的总收益为：$50+20+9.6=79.6$万元

我们这里计算的总收益与$f_3(\bar{x})$是一致的.

在上例中，如果阶段数$n=4$即进行四个阶段生产时，最优策略如何?

动态规划可以处理一些与时间无关的静态问题，只要人为地引进“时间”因素，划分为时段，就可以转化成多阶段决策问题，而可以用动态规划的方法去处理.

# 3.6　动态规划问题的Excel求解方法

## 3.6.1　用Excel求解背包问题

我们用Excel电子表格求解3.3节中的背包问题．问题的递归公式可以表示成：

$$f_k\left(d\right)=\max_{x_k}\left\{r_k\left(x_k\right)+f_{k+1}\left(d-x_k\right)\right\}$$

我们可以把这个递归公式写成另一种形式：

$$f\left(d\right)=\max_{k}\left\{r_k+f\left(d-w_k\right)\right\}$$

其中，$r_k$表示从第$k$种物品中所获得的收益，$w_k$表示背包中第$k$种物品的重量.

由于物品1、物品2、物品3的重量分别为4kg、3kg、5kg，所以我们可以直接在电子表格的E2单元格中输入0（即$f(0)=0$），在E3、E4、E5单元格中分别输入0，0，7．在电子表格中的B，C，D这三列分别代表$r_1+f(d-w_1)$，$r_2+f(d-w_r)$和$r_3+f(d-w_3)$．所以对于第6行的单元格我们进行以下赋值：

B6:11+E2，C6:7+E3，D6:=10 000

其中，在单元格D6中赋值-10 000是因为当$d$为4 kg时不能放置重5 kg的

物品3．这样在单元格E6中我们就可以利用函数MAX(B6:D6)来求得

$$f(4)=11.$$

同样地，在第7行中，我们可以通过以下单元格的赋值来求得

$$f(5)=12.$$

B7:11+E3，C7:7+E4，D7:12+E2，E7:MAX(B7:D7)同理，我们可以把单元格B7:E7的公式自动拖曳到B12:E12单元格中，最后我们就得到了

$$f(10)= 25.$$

从图3-2可以看出，我们通过放置物品1或物品2可以得出最优解$f(10)=25$，假设我们先放物品1，然后还有10−4=6kg可以放，再由$f(6)=14$可以得知应该放置1份物品2，这样还有6−3=3kg可以放，由$f(3)=7$可知，我们可以再放1份物品2，最后还有3−3=0kg空余．所以，我们可以得出结论，通过放置1份物品1和2份物品2可以放满10kg的背包，且可以获得最大收益25.

| | A | B | C | D | E | F | G | H | I | J | K |
|---|---|---|---|---|---|---|---|---|---|---|---|
| 1 | 背包的重量（d） | 物品1 | 物品2 | 物品3 | 收益f（d） | | | | | | |
| 2 | 0 | | | | 0 | | | | | | |
| 3 | 1 | | | | 0 | | | | | | |
| 4 | 2 | | | | 0 | | | | | | |
| 5 | 3 | | | | 7 | | | | | | |
| 6 | 4 | 11 | 7 | -10000 | 11 | | | | | | |
| 7 | 5 | 11 | 7 | 12 | 12 | | | | | | |
| 8 | 6 | 11 | 14 | 12 | 14 | | | | | | |
| 9 | 7 | 18 | 18 | 12 | 18 | | | | | | |
| 10 | 8 | 22 | 19 | 19 | 22 | | | | | | |
| 11 | 9 | 23 | 21 | 23 | 23 | | | | | | |
| 12 | 10 | 25 | 25 | 24 | 25 | | | | | | |
| 13 | | | | | | | | | | | |
| 14 | | | | | | | | | | | |
| 15 | | | | | | | | | | | |
| 16 | | | | | | | | | | | |
| 17 | | | | | | | | | | | |
| 18 | | | | | | | | | | | |

图3-2

## 3.6.2 用Excel求解投资计划问题

针对投资计划问题，问题的函数表达式如下：

$$f_k(d) = \max_{0 \le x \le d} \{ r_k(x_k) + f_{k+1}(d-x) \}$$

其中，$f_k(d)$=投资项目$k$，$k$+1，…，$N$的最大收益（$k$=1，2，3，$N$=3）.

首先，我们在单元格A1:H4中输入投资—盈利表. 问题最后要求解的是$f(6)$，我们可先通过Excel的命令HLOOKUP来求解$r_k(x)+f_{k+1}(d-x)$. 例如，要求解$r_3(1)+f_4(2-1)$，我们可以把如下命令输入单元格F14中，即

F14=HLOOKUP(F$13,$B$1:$H$4,$I20+1)+HLOOKUP(F$12-F$13,$B$6:$H$10,$I20+1)

其中，HLOOKUP(F$13，$B$1:$H$4，$I20+1)部分在单元格B1:H4中查找第一项与单元格F13中的数据相匹配的列，然后取出该列第120+1行（即第2行）中的数据$r_2(1)$=9.HLOOKUP(F$12–F$13,$B$6:$H$10,$I20+1)部分在单元格B6:H10中查找第一项与F$12–F$13相匹配的列，然后取出该列第120+1行（即第2行）中的数据$f_2(1)$=0. 我们在单元格A20:G22中记录的是$f_2(d)$的数据. 我们可以在以下单元格中这样赋值：A20:0，B20:=MAX(C14:D14)，C20:=MAX(E14:G14)，D20:=MAX(H14:K14)，E20:=MAX(L14:P14)，F20:=MAX(Q14:V14)，G20:=MAX(W14:AC14).

我们已经知道，求解$r_k(x)+f_{k+1}(d-x)$需要第7行至第10行的$f_k(d)$数据，所以我们可以如下输入数据:在单元格B7:H7中全输入0（因为由边界条件可知$f_4(d)=0$，($d$=0，…，6)，然后在单元格B8输入'=A20'，再把该公式自动拖曳到单元格B8:H10中. 其实，行B14:AC16与行B8:H10是互相循环调用的，Excel会自动解析循环，求出最优解的. 从最终结果图3–3 ~ 图3–5中我们可以知道$f(6)$=49，从单元格AA16=49可得应该对项目1投资4百万元资金. 接着得到$f_2(6-4)$=19，由单元格F15=19，可知应对项目2投资1百万元资金. 然后我们

可以得到$f_3(2-1)=9$，从单元格D14=9最后可知应对项目3投资1百万元资金.

| | A | B | C | D | E | F | G | H | I | J | K |
|---|---|---|---|---|---|---|---|---|---|---|---|
| 1 | 盈利 投资 | 0 | 1 | 2 | 3 | 4 | 5 | 6 | | | |
| 2 | 项目3的盈利$r_3(x)$ | 0 | 9 | 13 | 17 | 21 | 25 | 29 | | | |
| 3 | 项目2的盈利$r_2(x)$ | 0 | 10 | 13 | 16 | 19 | 22 | 25 | | | |
| 4 | 项目1的盈利$r_1(x)$ | 0 | 9 | 16 | 23 | 30 | 37 | 44 | | | |
| 5 | | | | | | | | | | | |
| 6 | 收益 | 0 | 1 | 2 | 3 | 4 | 5 | 6 | | | |
| 7 | 阶段4 | 0 | 0 | 0 | 0 | 0 | 0 | 0 | | | |
| 8 | 阶段3 | 0 | 9 | 13 | 17 | 21 | 25 | 29 | | | |
| 9 | 阶段2 | 0 | 10 | 19 | 23 | 27 | 31 | 35 | | | |
| 10 | 阶段1 | 0 | 10 | 19 | 28 | 35 | 42 | 49 | | | |
| 11 | | | | | | | | | | | |
| 12 | d | 0 | 1 | 1 | 2 | 2 | 2 | 3 | 3 | 3 | 3 |
| 13 | x | 0 | 0 | 1 | 0 | 1 | 2 | 0 | 1 | 2 | 3 |
| 14 | 阶段3 | 0 | 0 | 9 | 0 | 9 | 13 | 0 | 9 | 13 | 17 |
| 15 | 阶段2 | 0 | 9 | 10 | 13 | 19 | 13 | 17 | 23 | 22 | 16 |
| 16 | 阶段1 | 0 | 10 | 9 | 19 | 19 | 16 | 23 | 28 | 26 | 23 |
| 17 | | | | | | | | | | | |
| 18 | 0 | 1 | 2 | 3 | 4 | 5 | 6 | | | | |
| 19 | ft(0) | ft(1) | ft(2) | ft(3) | ft(4) | ft(5) | ft(6) | t | index | | |
| 20 | 0 | 9 | 13 | 17 | 21 | 25 | 29 | 3 | 1 | | |
| 21 | 0 | 10 | 19 | 23 | 27 | 31 | 35 | 2 | 2 | | |
| 22 | 0 | 10 | 19 | 28 | 35 | 42 | 49 | 1 | 3 | | |
| 23 | | | | | | | | | | | |
| 24 | | | | | | | | | | | |

图3–3

| | L | M | N | O | P | Q | R | S | T | U | V |
|---|---|---|---|---|---|---|---|---|---|---|---|
| 1 | | | | | | | | | | | |
| 2 | | | | | | | | | | | |
| 3 | | | | | | | | | | | |
| 4 | | | | | | | | | | | |
| 5 | | | | | | | | | | | |
| 6 | | | | | | | | | | | |
| 7 | | | | | | | | | | | |
| 8 | | | | | | | | | | | |
| 9 | | | | | | | | | | | |
| 10 | | | | | | | | | | | |
| 11 | | | | | | | | | | | |
| 12 | 4 | 4 | 4 | 4 | 4 | 5 | 5 | 5 | 5 | 5 | 5 |
| 13 | 0 | 1 | 2 | 3 | 4 | 0 | 1 | 2 | 3 | 4 | 5 |
| 14 | 0 | 9 | 13 | 17 | 21 | 0 | 9 | 13 | 17 | 21 | 25 |
| 15 | 21 | 27 | 26 | 25 | 19 | 25 | 31 | 30 | 29 | 28 | 22 |
| 16 | 27 | 32 | 35 | 33 | 30 | 31 | 36 | 39 | 42 | 40 | 37 |
| 17 | | | | | | | | | | | |
| 18 | | | | | | | | | | | |
| 19 | | | | | | | | | | | |
| 20 | | | | | | | | | | | |
| 21 | | | | | | | | | | | |
| 22 | | | | | | | | | | | |
| 23 | | | | | | | | | | | |
| 24 | | | | | | | | | | | |

图3–4

| | Q | R | S | T | U | V | W | X | Y | Z | AA | AB | AC | AD |
|---|---|---|---|---|---|---|---|---|---|---|---|---|---|---|
| 1 | | | | | | | | | | | | | | |
| 2 | | | | | | | | | | | | | | |
| 3 | | | | | | | | | | | | | | |
| 4 | | | | | | | | | | | | | | |
| 5 | | | | | | | | | | | | | | |
| 6 | | | | | | | | | | | | | | |
| 7 | | | | | | | | | | | | | | |
| 8 | | | | | | | | | | | | | | |
| 9 | | | | | | | | | | | | | | |
| 10 | | | | | | | | | | | | | | |
| 11 | | | | | | | | | | | | | | |
| 12 | 5 | 5 | 5 | 5 | 5 | 5 | 6 | 6 | 6 | 6 | 6 | 6 | 6 | d |
| 13 | 0 | 1 | 2 | 3 | 4 | 5 | 0 | 1 | 2 | 3 | 4 | 5 | 6 | x |
| 14 | 0 | 9 | 13 | 17 | 21 | 25 | 0 | 9 | 13 | 17 | 21 | 28 | 29 | |
| 15 | 25 | 31 | 30 | 29 | 28 | 22 | 29 | 35 | 34 | 33 | 32 | 31 | 25 | |
| 16 | 31 | 36 | 39 | 42 | 40 | 37 | 35 | 40 | 43 | 46 | 49 | 47 | 44 | |
| 17 | | | | | | | | | | | | | | |
| 18 | | | | | | | | | | | | | | |
| 19 | | | | | | | | | | | | | | |
| 20 | | | | | | | | | | | | | | |
| 21 | | | | | | | | | | | | | | |
| 22 | | | | | | | | | | | | | | |
| 23 | | | | | | | | | | | | | | |

图3-5

### 3.6.3 用Excel求解生产与库存问题

我们用Excel电子表格求解生产与库存问题，递推关系为

$$f_k(x_k) = \max_{u_k} \{ v_k(x_k) + f_{k+1}(x_{k+1}) \}$$

为了便于用Excel方法求解，现将该递推表达式改写如下

$$\begin{aligned} f_k(x_k) &= \min_{x_k} \{ c(u_k) + a*(x_k + u_k - d_k) + f_{k+1}(c_k + u_k - dk) \} \\ &= \min_{x_k} \{ J_k(x_k, u_k) \} \end{aligned}$$

其中，$x_k$第$k$季度初的存货数量，$d_k$是第$k$季度的需求量，$c(u_k)$为在第$k$季度内生产$u_k$单位的产品所需的成本．$a$为每单位产品的存货费用．

首先，在单元格A1:G2中输入生产成本数据，例如在单元格C2中输入=2*C1+6．接着，在单元格C14:AL17中我们开始求解$J_k(x_k, u_k)$．具体的计算可以通过Excel的HLOOKUP函数来求解．例如，求J4(0,3)时，我们可以在单

元格F14中输入以下命令:

F14=HLOOKUP(F$12,$B$1:$G$2,2)+1*MAX(F$11+F$12-$A14,0)
HLOOKUP(F$11+F$12-$A14,$B$4:$I$9,$H21+1)

其中，上式第一项HLOOKUP(F$12,$B$1:$G$2,2)得出生产成本$c(3)=12$，第二项1*MAX(F$11+F$12-$A14,0)给出该季度的存储费用，最后一项就是用来求解$f_{k+1}(x_k+u_k-d_k)$．通过自动拖曳，我们可以把该单元格的公式命令复制到单元格C14:AL17中，从而求出所有的$J_k(x_k, u_k)$．我们把$f_k(d)$的值放入单元格A21:F24中．例如求$f_4(d)(d=0,1,\cdots,4)$时，我们在单元格中输入以下命令:A21=MIN(C14:H14)，B21=MIN(114:N14)，C21=MIN(O14:T14)，D21=MIN(U14:Z14)，E21=MIN(AA14:AF14)，F21=MIN(AG14；AL14)，然后再把这些公式由自动拖曳到单元格A21:F24，这样就可求得所有的$f_k(d)$．由于第14行至第17行的求解需要用到第5行至第9行中表示$f_5(d)$的数据，所以我们可以这样处理：为了保证存货为负数或者存货超过5千件时产生很高的费用，我们在第B、I列输入很大的正数（这里我们取10000），由边界条件可知$f_5(\mathrm{d})=0(d=0,1,2,...,5)$，这样我们可以在单元格C5:H5中输入0．然后我们可以在单元格C6中输入以下命令’=A21’，再复制到单元格C6:H9中去，这样第14行至第17行就能顺利地调用数据了.

事实上，第14行至第17行与第5行至第9行是互相循环调用的，在这几行的单元格中输入命令后Excel会自动解析循环，最终求出最优解．从结果图3-6、图3-7、图3-8可以知道，由于在开始时无存货，该厂的最优花费为$f_1(0)=40$万元，在第一季度生产1千件；第二季度开始时无存货，$f_2(0)=32$万元，由单元格H16中的数据为32可知，工厂第二季度应该生产5千件；第三季度开始时的存货量为(5-3)=2千件，$f_3(2)=14$万元，由单元格O15中的数据为14可知，工厂第三季度无需生产；第四季度开始时存货为(2-2)=0千件，$f_4(0)=14$万元，由单元格G14中的数据为14可知工厂，第四季度应生产4千件.

| | A | B | C | D | E | F | G | H | I | J | K | L | M | N |
|---|---|---|---|---|---|---|---|---|---|---|---|---|---|---|
| 1 | 生产数量 | 0 | 1 | 2 | 3 | 4 | 5 | | | | | | | |
| 2 | 生产成本 | 0 | 8 | 10 | 12 | 14 | 14 | | | | | | | |
| 3 | | | | | | | | | | | | | | |
| 4 | 成本 库存量 | -5 | 0 | 1 | 2 | 3 | 4 | 5 | 5 | | | | | |
| 5 | 第五季度 | 10000 | 0 | 0 | 0 | 0 | 0 | 0 | 10000 | | | | | |
| 6 | 第四季度 | 10000 | 14 | 12 | 10 | 8 | 0 | 1 | 10000 | | | | | |
| 7 | 第三季度 | 10000 | 24 | 20 | 14 | 13 | 12 | 11 | 10000 | | | | | |
| 8 | 第二季度 | 10000 | 32 | 30 | 28 | 24 | 21 | 16 | 10000 | | | | | |
| 9 | 第一季度 | 10000 | 40 | 32 | 31 | 30 | 27 | 25 | 10000 | | | | | |
| 10 | | | | | | | | | | | | | | |
| 11 | | 库存 | 0 | 0 | 0 | 0 | 0 | 0 | 1 | 1 | 1 | 1 | 1 | 1 |
| 12 | | 生产量 | 0 | 1 | 2 | 3 | 4 | 5 | 0 | 1 | 2 | 3 | 4 | 5 |
| 13 | 需求量 | | | | | | | | | | | | | |
| 14 | 4 | | 10000 | 10000 | 10010 | 10012 | 14 | 17 | 10000 | 10000 | 10010 | 12 | 16 | 18 |
| 15 | 2 | | 10000 | 10008 | 24 | 25 | 26 | 27 | 10000 | 22 | 23 | 24 | 25 | 20 |
| 16 | 3 | | 10000 | 10008 | 10010 | 36 | 35 | 32 | 10000 | 10000 | 34 | 33 | 30 | 32 |
| 17 | 1 | | 10000 | 40 | 41 | 42 | 41 | 41 | 32 | 39 | 40 | 39 | 37 | 37 |
| 18 | | | | | | | | | | | | | | |
| 19 | 0 | 1 | 2 | 3 | 4 | 5 | | | | | | | | |
| 20 | ft(0) | ft(1) | ft(2) | ft(3) | ft(4) | ft(5) | 阶段t | index | | | | | | |
| 21 | 14 | 12 | 10 | 8 | 0 | 1 | 4 | 1 | | | | | | |
| 22 | 24 | 20 | 14 | 13 | 12 | 11 | 3 | 2 | | | | | | |
| 23 | 32 | 30 | 28 | 24 | 21 | 16 | 2 | 3 | | | | | | |
| 24 | 40 | 32 | 31 | 30 | 27 | 25 | 1 | 4 | | | | | | |
| 25 | | | | | | | | | | | | | | |
| 26 | | | | | | | | | | | | | | |
| 27 | | | | | | | | | | | | | | |
| 28 | | | | | | | | | | | | | | |

图3-6

| | O | P | Q | R | S | T | U | V | W | X | Y | Z |
|---|---|---|---|---|---|---|---|---|---|---|---|---|
| 1 | | | | | | | | | | | | |
| 2 | | | | | | | | | | | | |
| 3 | | | | | | | | | | | | |
| 4 | | | | | | | | | | | | |
| 5 | | | | | | | | | | | | |
| 6 | | | | | | | | | | | | |
| 7 | | | | | | | | | | | | |
| 8 | | | | | | | | | | | | |
| 9 | | | | | | | | | | | | |
| 10 | | | | | | | | | | | | |
| 11 | 2 | 2 | 2 | 2 | 2 | 3 | 2 | 3 | 3 | 3 | 3 | 3 |
| 12 | 0 | 1 | 2 | 3 | 4 | 5 | 0 | 1 | 2 | 3 | 4 | 5 |
| 13 | | | | | | | | | | | | |
| 14 | 10000 | 10008 | 10 | 13 | 16 | 19 | 10000 | 8 | 11 | 14 | 17 | 20 |
| 15 | 14 | 21 | 22 | 23 | 18 | 22 | 13 | 20 | 21 | 16 | 20 | 10022 |
| 16 | 10000 | 32 | 31 | 28 | 30 | 32 | 24 | 29 | 26 | 28 | 30 | 32 |
| 17 | 31 | 38 | 37 | 37 | 35 | 10022 | 39 | 35 | 35 | 33 | 10020 | 10023 |
| 18 | | | | | | | | | | | | |
| 19 | | | | | | | | | | | | |
| 20 | | | | | | | | | | | | |

图3-7

| | V | W | X | Y | Z | AA | AB | AC | AD | AE | AF | AG | AH | AI | AJ | AK | AL |
|---|---|---|---|---|---|---|---|---|---|---|---|---|---|---|---|---|---|
| 1 | | | | | | | | | | | | | | | | | |
| 2 | | | | | | | | | | | | | | | | | |
| 3 | | | | | | | | | | | | | | | | | |
| 4 | | | | | | | | | | | | | | | | | |
| 5 | | | | | | | | | | | | | | | | | |
| 6 | | | | | | | | | | | | | | | | | |
| 7 | | | | | | | | | | | | | | | | | |
| 8 | | | | | | | | | | | | | | | | | |
| 9 | | | | | | | | | | | | | | | | | |
| 10 | | | | | | | | | | | | | | | | | |
| 11 | 3 | 3 | 3 | 3 | 3 | 4 | 4 | 4 | 4 | 4 | 4 | 5 | 5 | 5 | 5 | 5 | 5 |
| 12 | 1 | 2 | 3 | 4 | 5 | 0 | 1 | 2 | 3 | 4 | 5 | 0 | 1 | 2 | 3 | 4 | 5 |
| 13 | | | | | | | | | | | | | | | | | |
| 14 | 8 | 11 | 14 | 17 | 20 | 0 | 9 | 12 | 15 | 18 | 21 | 1 | 10 | 13 | 14 | 19 | 10022 |
| 15 | 20 | 21 | 16 | 20 | 10022 | 12 | 19 | 14 | 18 | 10020 | 10023 | 11 | 12 | 16 | 10018 | 10321 | 10024 |
| 16 | 29 | 26 | 28 | 30 | 32 | 21 | 24 | 26 | 28 | 30 | 10022 | 16 | 24 | 26 | 28 | 10020 | 10023 |
| 17 | 35 | 35 | 33 | 10020 | 10023 | 27 | 33 | 31 | 10018 | 10021 | 10024 | 25 | 29 | 10016 | 10019 | 10022 | 10025 |
| 18 | | | | | | | | | | | | | | | | | |
| 19 | | | | | | | | | | | | | | | | | |
| 20 | | | | | | | | | | | | | | | | | |

图3-8

再如，某毛毯厂是一个小型的生产商，致力于生产家用和办公用的地毯．其四个季度的生产能力、市场需求、每平方米的生产成本以及库存成本如表3–9所示．毛毯厂需要确定在这四个季度里每季度生产多少地毯，才能使总生产和库存成本最小．

表3–9

| 季度 | 生产能力（平方米） | 市场需求（平方米） | 生产成本（元/平方米） | 库存成本（元/平方米） |
|---|---|---|---|---|
| 一 | 600 | 400 | 2 | 0.25 |
| 二 | 300 | 500 | 5 | 0.25 |
| 三 | 500 | 400 | 3 | 0.25 |
| 四 | 400 | 400 | 3 | |

**解：**

需要注意的是：生产能力、市场需求、生产成本每个季度都有所不同．根据分析得到四个季度的市场总需求为400+500+400+400=1700（平方米），而毛毯厂最多可生产600+300+500+400=1800（平方米），所以可以满足市场需求．

本题可以用“本季度库存=上季度库存+本季度生产–本季市场需求”来求解．

这里介绍另外一种解法，即用网络最优化问题中的最小费用流问题来求解．通过建立一个网络图来代表这个问题．首先根据四个季度建立四个产量节点和四个需求节点，每个产量节点由一个流出弧连接对应的需求节点．弧的流量代表了该季度所生产的地毯数量．相对于每个需求节点，一个流出弧代表了库存的数量，即供给下季度需求节点的数量．图3–9显示了这个网络模型．

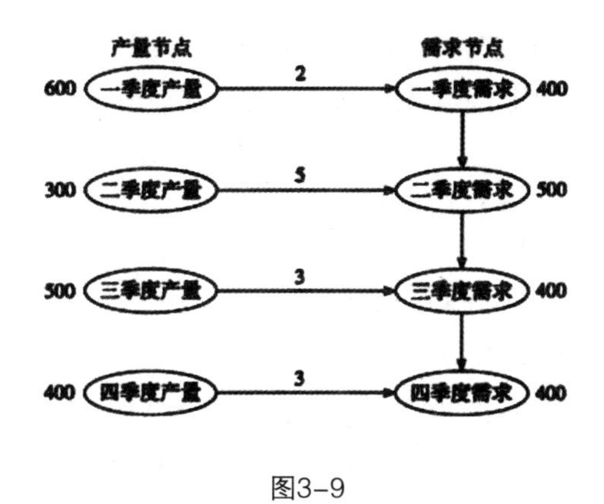


图3–9

（1）决策变量．从成本的角度看，最后一个季度是不应该有库存的，所以设四个季度的库存量为$x_i(i=1,2,3,4)$，前三个季度的期末库存量为$s_i(i=1,2,3,4)$.

（2）目标函数．本问题的目标是总生产和库存成本最小，而生产成本为$2x_1+5x_2+3x_3+3x_4$，库存成本为$0.25(s_1+s_2+s_3)$，所以目标函数为

$$\min z=2x_1+5x_2+3x_3+3x_4+0.25(s_1+s_2+s_3)$$

（3）约束条件.

①上个季度的库存与本季度的生产能够满足本季度的市场需求，即图3–9网络模型中的需求节点的净流量为市场需求（即类似于动态规划的状态转移方程$s_k=s_{k-1}+x_k-d_k$的变形:$s_{k-1}+x_k-s_k=d_k$）.

第一季度市场需求为400平方米，且没有初始库存（一季度需求节点），则有$x_1-s_1=400$．第二季度的期初库存为$s_1$，生产量为$x_2$，市场需求为500（二季度需求节点），则有$s_1+x_2-s_2=500$.

第三季度产量与需求的关系（三季度需求节点）：$s_2+x_3-s_3=400$.

第四季度只有期初库存，为了使总成本最小，没有期末库存（四季度需求节点），则有$s_3+x_4=400$.

②每季度生产的地毯数量不超过生产能力:$x_1\leq 600$，$x_2\leq 300$，$x_3\leq 500$，$x_4\leq 400$

③非负：$x_i \geq 0(i=1，2，3，4)$，$s_i \geq 0(i=1，2，3)$

根据上述分析，得到如下数学模型:min $z=2x_1+5x_2+3x_3+3x_4+0.25(s_1+s_2+s_3)$

$$
\text{s.t.}\begin{cases}
x_1 - s_1 = 400 \\
x_1 + s_2 - x_2 = 500 \\
s_2 + x_3 - x_3 = 400 \\
s3 + x4 = 400 \\
x_1 \leq 600, x_2 \leq 300, x_3 \leq 500, x_4 \leq 400 \\
x_i \geq 0\left(i = 1,2,3,4\right), s_i \geq 0\left(i = 1,2,3\right)
\end{cases}
$$

其电子表格模型求解如下所示：

（1）把已知条件填入Excel表格，如表3-10所示.

表3-10

| | 生产成本 | 库存成本 |
|---|---|---|
| 一季度 | 2 | 0.25 |
| 二季度 | 5 | 0.25 |
| 三季度 | 3 | 0.25 |
| 四季度 | 3 | |

| | 生产量 | | 生产能力 | 库存量 | 实际供给 | | 市场需求 |
|---|---|---|---|---|---|---|---|
| 一季度 | | ⇐ | 600 | | | = | 400 |
| 二季度 | | ⇐ | 300 | | | = | 500 |
| 三季度 | | ⇐ | 500 | | | = | 400 |
| 四季度 | | ⇐ | 400 | | | = | 400 |

| 生产总成本 | |
|---|---|
| 库存总成本 | |
| 总成本 | |

（2）设置目标、约束条件、自变量与因变量的关系等，并设置相关公式之后按下Solve.

```
$C$23:$C$26<=$E$23:$E$26
$F$24>=0
$F$25>=0
$F$26=0
$G$23:$G$26=$I$23:$I$26
```

（3）保存结果，按下“OK”.

（4）求解步骤及结果．得出结果，如表3-11所示.

表3-11

| | 生产成本 | 库存成本 |
|---|---|---|
| 一季度 | 2 | 0.25 |
| 二季度 | 5 | 0.25 |
| 三季度 | 3 | 0.25 |
| 四季度 | 23 | |

| | 生产量 | | 生产能力 | 库存量 | 实际供给 | | 市场需求 |
|---|---|---|---|---|---|---|---|
| 一季度 | 600 | ⇐ | 600 | 200 | 400 | = | 400 |
| 二季度 | 300 | ⇐ | 300 | | 500 | = | 500 |
| 三季度 | 400 | ⇐ | 500 | | 400 | = | 400 |
| 四季度 | 400 | ⇐ | 400 | | 400 | = | 400 |

| 生产总成本 | 5100 |
| --- | --- |
| 库存总成本 | 50 |
| 总成本 | 5150 |

利用Excel求得的结果是：第一季度生产量为 600平方米，库存为200平方米，第二、三、四季度的生产量分别为300平方米．400平方米和400平方米且没有库存，在这种情况下，总生产和库存成本最小，为5150元．

# 3.7 案例分析及WinQSB软件应用

## 3.7.1 最短路问题

**例3.7.1** 求图3-10中A—E的最短路．

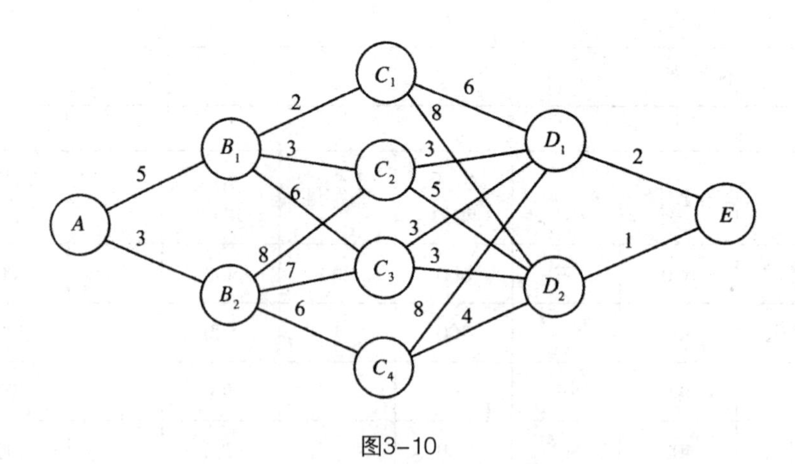


图3-10

操作步骤如下：

（1）执行“程序/WinQSB/Dynamic Programming/New/New Problem”弹出并设置图3-11所示对话框．节点数（Number of Nodes）输入10，单击OK，弹出数据输入窗口（图3-12）．

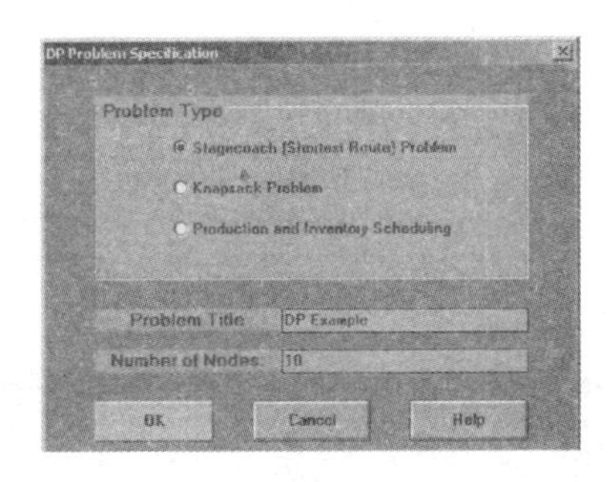


图3-11

| From \ To | Node1 | Node2 | Node3 | Node4 | Node5 | Node6 | Node7 | Node8 | Node9 | Node10 |
|---|---|---|---|---|---|---|---|---|---|---|
| Node1 | | | | | | | | | | |
| Node2 | | | | | | | | | | |
| Node3 | | | | | | | | | | |
| Node4 | | | | | | | | | | |
| Node5 | | | | | | | | | | |
| Node6 | | | | | | | | | | |
| Node7 | | | | | | | | | | |
| Node8 | | | | | | | | | | |
| Node9 | | | | | | | | | | |
| Node10 | | | | | | | | | | |

图3-12

（2）执行菜单命令：Edit/Node Names，修改节点名称（图3-13）．

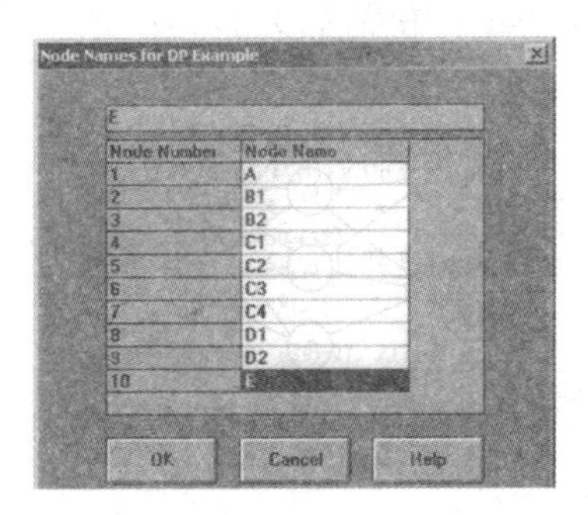
Node Names for DP Example

E

| Node Number | Node Name |
|---|---|
| 1 | A |
| 2 | B1 |
| 3 | B2 |
| 4 | C1 |
| 5 | C2 |
| 6 | C3 |
| 7 | C4 |
| 8 | D1 |
| 9 | D2 |
| 10 | E |

OK　Cancel　Help

图3-13

（3）单击OK，跳回数据窗口，输入数据（邻接矩阵）（图3–14）

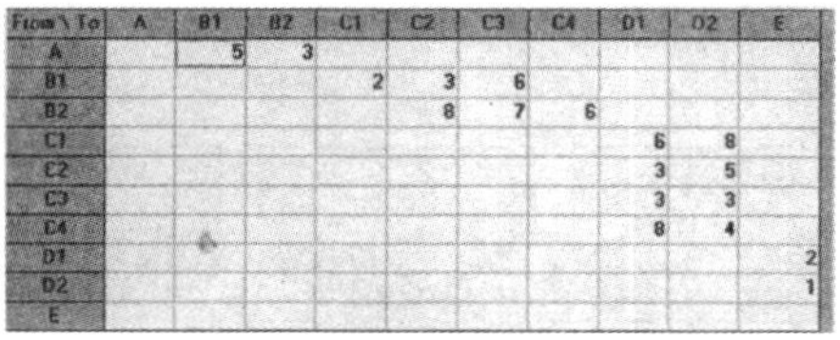

| From \ To | A | B1 | B2 | C1 | C2 | C3 | C4 | D1 | D2 | E |
|---|---|---|---|---|---|---|---|---|---|---|
| A | | 5 | 3 | | | | | | | |
| B1 | | | | 2 | 3 | 6 | | | | |
| B2 | | | | | 8 | 7 | 6 | | | |
| C1 | | | | | | | | 6 | 8 | |
| C2 | | | | | | | | 3 | 5 | |
| C3 | | | | | | | | 3 | 3 | |
| C4 | | | | | | | | 8 | 4 | |
| D1 | | | | | | | | | | 2 |
| D2 | | | | | | | | | | 1 |
| E | | | | | | | | | | |

图3–14

（4）执行菜单命令：Solve and Analyze/Solve the Problem得运行结果（图3–15）.

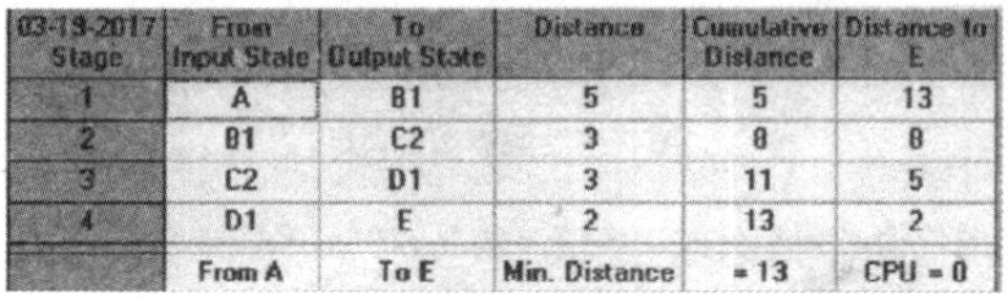

| 03-19-2017 Stage | From Input State | To Output State | Distance | Cumulative Distance | Distance to E |
|---|---|---|---|---|---|
| 1 | A | B1 | 5 | 5 | 13 |
| 2 | B1 | C2 | 3 | 8 | 8 |
| 3 | C2 | D1 | 3 | 11 | 5 |
| 4 | D1 | E | 2 | 13 | 2 |
| | From A | To E | Min. Distance | = 13 | CPU = 0 |

图3–15

即最短路径：A—B1—C2—D1—E，最短路长13.

## 3.7.2 背包问题

**例3.7.2** 有一辆最大运货量为10吨的货车，用4以装载三种货物，每种货物的单位重量和相应单位价值如表3–12所示．问如何装载才使总价值最大?

表3–12

| 货物编号 | 1 | 2 | 3 |
|---|---|---|---|
| 单位重量/吨 | 3 | 4 | 5 |
| 单位价值 | 4 | 5 | 6 |

操作步骤如下：

（1）执行“程序/WinQSB/Dynamic Programming/New/New Problem”弹出并设置如图3–16所示对话框.

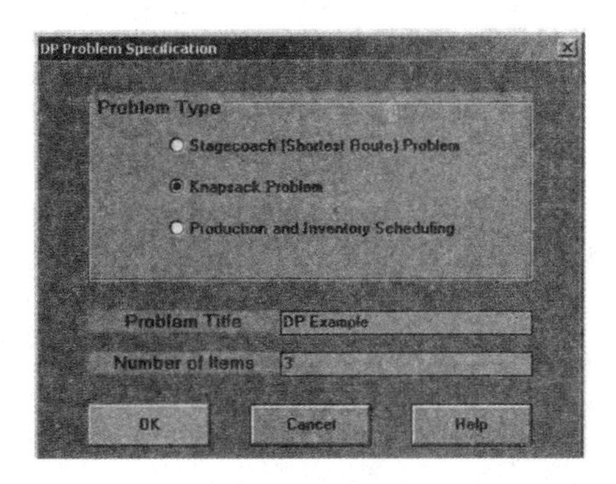


图3–16

（2）选择第2项，输入物品种类数（Number of Items）3，单击OK，弹出数据输入窗口（图3–17）.

各物品最大装载重量及货车最大承载重量　　单件重量　　装载物品的价值

| Item (Stage) | Item Identification | Units Available | Unit Capacity Required | Return Function (X: Item ID) [e.g., 50X, 3X+100, 2.15X^2+5] |
|---|---|---|---|---|
| 1 | Item1 | 10 | 3 | 4x |
| 2 | Item2 | 10 | 4 | 5x |
| 3 | Item3 | 10 | 5 | 6x |
| Knapsack | Capacity = | 10 | | |

图3–17

注：装载物品的价值必须是公式，该值=物品的价值系数乘以$X$，$X$表示装载数量.

（3）执行菜单命令：Solve and Analyze/Solve the Problem得运行结果（图3–18）.

| Period (Stage) | Period Identification | Demand | Production Capacity | Storage Capacity | Production Setup Cost | Variable Cost Function (P,H,B: Variables) (e.g., 5P+2H+10B, 3(P-5)^2+100H) |
|---|---|---|---|---|---|---|
| 1 | Period1 | 2 | 6 | 4 | 3 | p+0.5h |
| 2 | Period2 | 3 | 6 | 4 | 3 | p+0.5h |
| 3 | Period3 | 2 | 6 | 4 | 3 | p+0.5h |
| 4 | Period4 | 4 | 6 | 4 | 3 | p+0.5h |
| 5 | Period5 | 3 | 6 | 4 | 3 | p+0.5h |

图3–18

即物品1装载2吨，物品2装载1吨，总价值13货币单位.

# 第4章　存储论

存储论（Inventory Theory）是研究存储系统的性质、运行规律以及最优运营的一门学科，它是运筹学的一个分支. 1915年，哈里斯（F.Harris）研究了银行货币的储备问题，建立了一个确定性的存储模型，并求得了最优解. 20世纪50年代以后，存储论成为运筹学的一个独立分支.

## 4.1　存储模型的结构及基本概念

### 4.1.1　存储系统

一个存储系统一般可以归结为图4–1所示的模式.

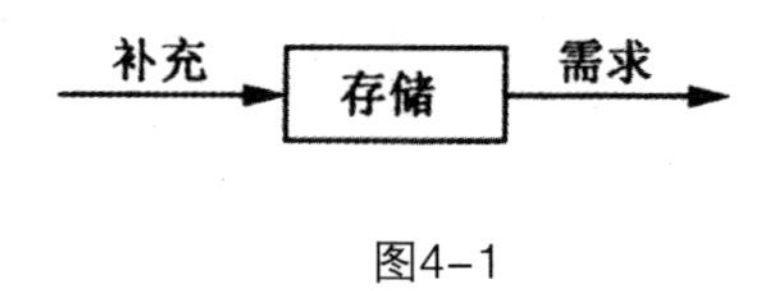


图4–1

对存储来说，由于需求，从存储中取出一定的数量，使存储量减少，这就是存储的输出．有的需求是间断式的，有的需求是连续均匀的．

图4–2和图4–3分别表示$t$时间内的输出量皆为$S-W$，但两者的输出方式不同．图4–2表示输出是间断的，图4–3表示输出是连续的．

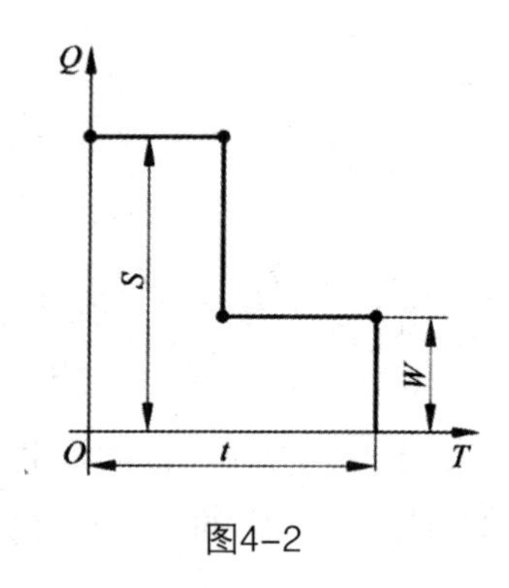


图4–2

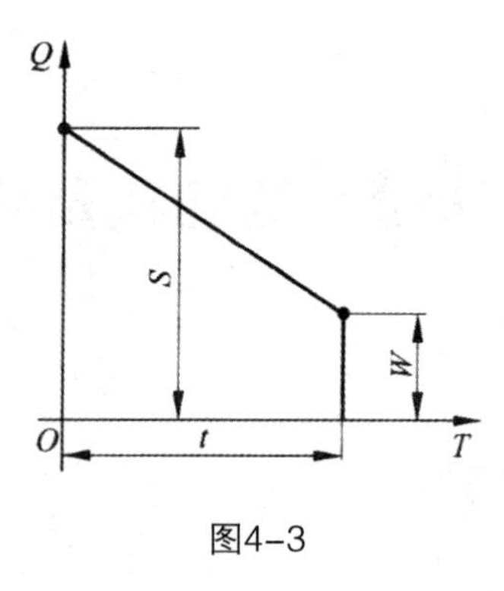


图4–3

一个存储系统的需求可以是确定的，也可以是随机的．当需求为均衡的定量时，在输出期间库存点的存货量是随时间递减的线性函数，如图4–4所示．

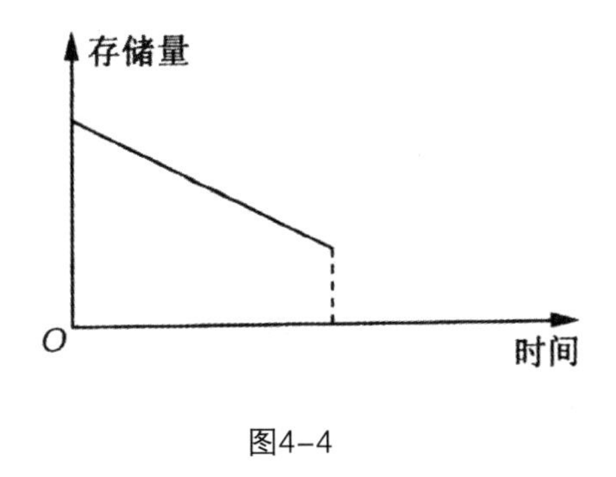


图4-4

按最常用的根据需求和补充中是否包含随机因素来划分，可以将这些系统分为两大类：确定性存储模型和随机性存储模型.

①确定型存储模型：在需求和补充中不考虑随机因素，即存储模型中的数据都是确定的，称这类存储模型为确定型存储模型.

②随机型存储模型：如果需求或补充中包含随机因素，即存储模型中有随机变量，则这类存储模型称为随机型存储模型.

## 4.1.2　存储总费用

存储总费用是衡量系统的存货控制得好坏的主要因素. 存储系统支出的费用大致包括订货费、存储费、缺货费三项.

### 4.1.2.1　订货费

订货费是指订购货物所需的费用，它包括固定订货费和货物成本费. 固定订货费是指订货时所付出的与订货量无关的固定费用，包括手续费、电信往来、派人员外出采购的差旅费等. 货物成本费是指用于支付货物本身的价格、运费等与订货量有关的费用.

#### 4.1.2.2 存储费

存储费是指存储货物所需的费用，包括库存物资所占用资金的利息、使用仓库保管货物所应支付的费用和货物存储过程中由于变质损耗造成的损失费用. 存储费随货物存储量和存储时间的不同而不同.

#### 4.1.2.3 缺货费

缺货费是指由于存储量不足而造成供不应求所带来的经济损失，包括失去销售机会带来的损失、由于停工待料造成的损失和未履行合同的赔偿损失等.

### 4.1.3 存储策略

对一个存储系统而言，一般需求是其服务对象，不需要进行控制，需要控制的是存储的输入过程. 这里有两个基本问题要做出决策：①何时补充？称为“期”的问题；②补充多少？称为“量”的问题.

管理者可以通过控制补充的期与量这两个决策变量，来调节存储系统的运行，以便达到最优运营效果. 这便是存储系统的最优运营问题.

决定何时补充，每次补充多少的策略称之为存储策略. 常用的存储策略有以下几种类型：

（1）$t$循环策略.

每隔$t$时段补充存储量为$Q$，使库存水平达到$S$. 这种策略又称为经济批量策略，它适用于需求确定的存储系统. 其中$t$指运营周期，它是一个决策变量；$Q$指进货（补充）批量，也是一个决策变量.

（2）（$s$，$S$）策略.

每当存储量$x \geq s$时不补充，当$x < s$时补充存储，补充量$Q = S - x$，使库存水平达到$S$，其中$s$称为最低库存量.

（3）$(t_0,s,S)$策略.

每隔$t_0$时间检查库存量$x$，若$x \geq s$则不补充；若$x < s$，则把存储补充到$S$水平，因而进货批量为$Q = S - x$，使库存水平达到$S$.

（4）$(T_0,\beta,Q)$策略.

以$T_0$为一个计划期，期间每当$I(\tau) \leq \beta$时立即订货，订货批量为$Q$，其中$\beta$指订货点，即标志订货时刻的存储状态，是一个决策变量；$I(\tau)$是指$\tau$时刻的存储状态.

# 4.2 确定性存储模型

本节介绍具有连续确定性需求，采用$t$循环策略的存储系统的几种基本模型.

## 4.2.1 模型Ⅰ：不允许缺货、可即时补充的经济批量模型

为了使模型分析简单，易于计算，对模型作以下假设：

（1）需求连续且均匀，需求速度 （$d$>0）是常数；

（2）当存储量降为0时，可以立即得到补充，补充时间（生产时间或拖后时间）很短，可近似看作零；

（3）因为不允许缺货，设单位缺货费用为无穷大；

（4）在每一运营周期$t$的初始时刻补充货物，每次订货量$Q$相同.

模型Ⅰ的存储状态图如图4－5所示. 根据上述条件可知：$I(\tau) = Q - d\tau, \tau \in [0,t]$；图中$L$是订货提前期，当每个运营周期$t$内存储状态

$I(\tau)=Ld$ 时就立即订货，这样可保证在 $I(\tau)=0$ 时将存储立即补充到最高水平 $Q$，易知 $Q=dt$.

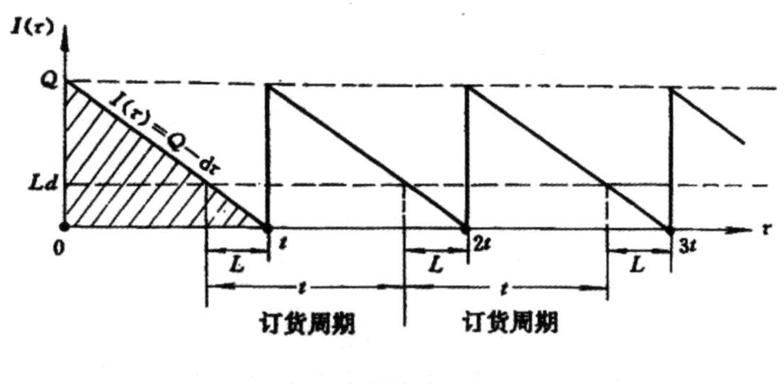


图4–5

由图4–5可知，在[0，$t$]时段内的存储量为

$$\int_0^t I(\tau)\mathrm{d}\tau=\int_0^t (Q-d\times\tau)\mathrm{d}\tau=Qt-\frac{1}{2}dt^2=\frac{1}{2}Qt$$

而单位时间单位货物的存储费用为 $h$，因此，在一个运营周期 $t$ 内的存储费用为

$$C_{\mathrm{H}}=\frac{1}{2}hQt$$

进货费用为

$$C_{\mathrm{O}}=a+bQ$$

由于不允许缺货，可即时补充，因此不考虑缺货损失费，故一个周期 $t$ 内的运营费用 $C_{\mathrm{T}}$ 只包括上述两项，即

$$C_{\mathrm{T}}=C_{\mathrm{H}}+C_{\mathrm{O}}=\frac{1}{2}hQt+a+bQ$$

而单位时间的平均运营费用为

$$f=\frac{C_{\mathrm{T}}}{t}=\frac{1}{2}hQ+\frac{a}{t}+\frac{bQ}{t} \tag{4-2-1}$$

式中有$Q$，$t$两个决策变量．因$Q=dt$，故$t=Q/d$，代入上式得

$$f(Q)=\frac{1}{2}hQ+\frac{ad}{Q}+bd \tag{4-2-2}$$

为了求得$f(Q)$的极小点，由一阶条件$f'(Q)=\frac{1}{2}h-\frac{ad}{Q^2}=0$，得

$$Q^*=\sqrt{\frac{2ad}{h}} \tag{4-2-3}$$

由二阶导数$f''(Q)=\frac{2ad}{Q^3}>0(Q>0)$可知，上面的$Q^*$为$f$在$Q\in(0,\infty)$上的全局唯一最小点，即最佳订货批量．式（4-2-3）即著名的经典经济订购批量公式，也称为哈里斯-威尔逊公式．

最佳运营周期为

$$t^*=\frac{Q^*}{d}=\sqrt{\frac{2a}{hd}} \tag{4-2-4}$$

单位时间的最小平均运营费用为

$$f^*=\sqrt{2ahd}+bd \tag{4-2-5}$$

**例4.2.1**　某工厂每天需要某种型号的零部件100个，设该公司每次订购该零部件需支付订购费100元，购置费为0.5元/个，每个零部件在该公司仓库内每存放一天需付0.08元的存储保管费，若不允许缺货，且一订货就可提货，试问：

（1）每批订购时间多长，每次订购多少个零部件，费用最省？其最小费用是多少？

（2）从订购之日到该零部件入库需7天时间，试问当库存为多少时应发出订货?

**解:**（1）这里$a$=100元，$b$=0.50元，$d$=100，$h$=0.08，由式（4–2–3）、式（4–2–4）、式（4–2–5），分别有

$$Q^* = \sqrt{\frac{2ad}{h}} = \sqrt{\frac{2 \times 100 \times 100}{0.08}} = 500\text{（个）}$$

$$t^* = \sqrt{\frac{2a}{hd}} = \sqrt{\frac{2 \times 100}{0.08 \times 100}} = 5\text{（天）}$$

$$f^* = \sqrt{2ahd} + bd = \sqrt{2 \times 100 \times 0.08 \times 100} + 0.50 \times 100 = 40 + 50 = 90\text{（元）}$$

（2）因拖后时间$L$=7天，即订货的提前时间为7天，这7天内的需求量

$$s^* = dL = 100 \times 7 = 700\text{（吨）}$$

故当库存量为700个时应发出订货.

### 4.2.2 模型Ⅱ：不允许缺货、补充需要一段时间的经济批量模型

对模型作以下假设:

（1）需求连续且均匀，需求速度$d$（$d>0$）是常数;

（2）进货周期是$T$，即每次进货的时间（$0<T<t$）;

（3）因为不允许缺货，设单位缺货费用$l$为无穷大;

（4）在每一运营周期$t$的初始时刻补充货物，每次订货量$Q$相同，进货速度$p$，即单位时间内入库的货物数量（$p>d$）.

由上述假设条件，可以画出该系统的存储状态图（图4–6）. 由图可见，

一个周期[0，$t$]被分为两段：[0，$T$]内，存储状态从0开始以 $p-d$ 的速率增加，到 $T$ 时刻达到最高水平 $(p-d)T$ ，这时停止进货，而 $pT$ 就是一个周期 $t$ 内的总进货量，即有 $Q=pT$ ；在 $[T,t]$ 内，存储状态从最高水平 $(p-d)T$ 以速率 $d$ 减少，到时刻 $t$ 降为0.

综上可知，在[0，$t$]内的存储状态为

$$I(\tau)=\begin{cases}(p-d)\tau,\tau\in[0,T]\\(p-d)T-d(\tau-T),\tau\in[T,t]\end{cases}$$

故每一运营周期 $t$ 内的存储量为

$$\int_0^t I(\tau)\mathrm{d}\tau=\int_0^T(p-d)\tau\mathrm{d}\tau+\int_T^t[(p-d)T-d(\tau-T)]\mathrm{d}\tau$$

它等于图4–6中阴影三角形的面积，即为

$$\int_0^t I(\tau)\mathrm{d}\tau=\frac{1}{2}(p-d)Tt$$

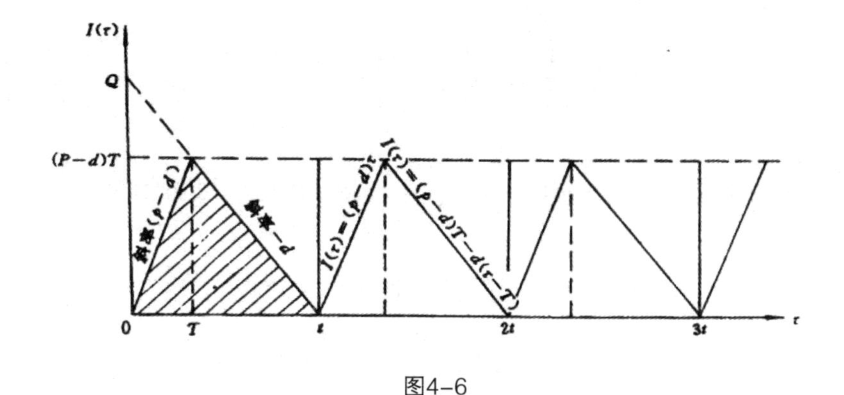


图4–6

故每一周期 $t$ 的存储费为

$$C_{\mathrm{H}}=\frac{1}{2}h(p-d)Tt$$

而订购费为

$$C_{\mathrm{O}} = a + bQ$$

故每一周期$t$的运营费为

$$C_{\mathrm{T}} = C_{\mathrm{H}} + C_{\mathrm{O}} = \frac{1}{2}h(p-d)Tt + a + bQ$$

而单位时间内的平均运营费用为

$$f = \frac{C_{\mathrm{T}}}{t} = \frac{1}{2}h(p-d)T + \frac{a}{t} + \frac{bQ}{t} \qquad （4-2-6）$$

式中有三个决策变量$Q$，$t$，$T$，易知它们之间有下述关系

$$Q = pT = dt$$

故$T = \frac{Q}{p}$，$t = \frac{Q}{d}$代入式（4-2-6）得

$$f(Q) = \frac{1}{2}h(1-\frac{d}{p})Q + \frac{ad}{Q} + bd \qquad （4-2-7）$$

由一阶条件 $f'(Q) = \frac{1}{2}h(1-\frac{d}{p}) - \frac{ad}{Q^2} = 0$，解得最佳订货批量为

$$Q^* = \sqrt{\frac{2ad}{h(1-\frac{d}{p})}} \qquad （4-2-8）$$

由二阶导数条件易知 $Q^*$ 为 $f$ 在 $Q \in (0,\infty)$ 上的全局唯一最小点.
最佳订货周期为

$$t^* = \frac{Q^*}{d} = \sqrt{\frac{2a}{hd(1-\frac{d}{p})}} \tag{4-2-9}$$

最佳进货周期为

$$T^* = \frac{Q^*}{p} = \sqrt{\frac{2ad}{hp(p-d)}} \tag{4-2-10}$$

单位时间最小平均运营费用为

$$f^* = \sqrt{2ahd(1-\frac{d}{p})} + bd \tag{4-2-11}$$

注：当 $p \to \infty$ 时，由上述公式易知：$T^* \to 0$，而 $Q^* t^*$、$f^*$ 与模型Ⅰ完全一致.

**例4.2.2**　某汽车厂自行生产发动机用以装配本厂生产的汽车．该厂每月生产200辆汽车，而发动机生产车间每月可以生产500个发动机，已知该厂每批汽车装备的生产准备费为5000元，而每个发动机在一个月内的存储保管费为30元．试确定该厂发动机的最佳生产批量、生产时间和汽车的安装周期.

**解**：这是一个不允许缺货、补充需要一段时间的经济批量模型．由题意可知，$d$=200，$p$=500，$h$=30，$a$=5000.

由式（4-2-8）得发动机的最佳生产批量为

$$Q^* = \sqrt{\frac{2ad}{h(1-\frac{d}{p})}} = \sqrt{\frac{2\times 5000\times 200\times 500}{30\times(500-200)}} \approx 334$$

发动机的生产时间为

$$T^* = \frac{Q^*}{p} = \frac{334}{500} \approx 0.668$$

汽车的安装周期为

$$t^* = \frac{Q^*}{d} = \frac{334}{200} \approx 1.67$$

### 4.2.3 模型Ⅲ：允许缺货、可即时补充的经济批量模型

模型Ⅰ的假设条件之一为不允许缺货，现在考虑放宽这一条件，考虑允许缺货的存储模型，除此以外，模型Ⅲ的其余假设同模型Ⅰ一致.

在允许缺货的条件下，虽需支付一些缺货费，但可少付一些订货费和存储费，因而运营费用或许能够减少. 假设在时段$[0,t]$内，开始存储状态为最高水平$S$，它可以供应长度为$t_1 \in (0,t)$的时段内的需求；在$[t_1,t]$内则存储状态持续为0，并发生缺货，这时先对需求者进行预售登记，待订货一到即全部付清. 于是有

$$I(\tau) = \begin{cases} S - d\tau, \tau \in [0,t_1] \\ 0, \tau \in [t_1,t] \end{cases}$$

模型Ⅲ的存储状态图如图4-7所示，图中$W$为最大缺货量，易知$W = d(t-t_1)$. 可知，$[0,t]$内的存储量为$\frac{1}{2}St_1$，故存储费为$C_H = \frac{1}{2}hSt_1$，而$[t_1,t]$内的缺货量为$\frac{1}{2}W(t-t_1) = \frac{1}{2}d(t-t_1)^2$，即图4-7中阴影三角形的面积；因$[0,t_1]$内不缺货，故$[0,t]$内的缺货费用为$C_S = \frac{1}{2}ld(t-t_1)^2$，又知订购费为$C_O = a + bQ$. 则$[0,t]$内的运营费用为

$$C_T = C_H + C_S + C_O = \frac{1}{2}hSt_1 + \frac{1}{2}ld(t-t_1)^2 + a + bQ$$

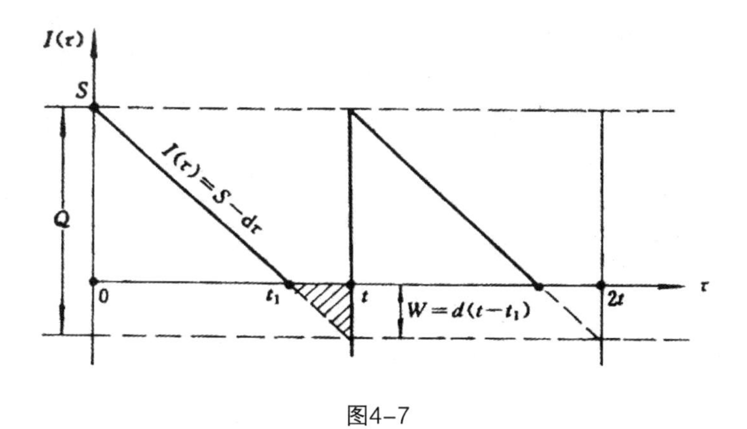


图4-7

而单位时间的平均运营费用为

$$f=\frac{1}{t}[\frac{1}{2}hSt_1+\frac{1}{2}ld(t-t_1)^2]+\frac{a}{t}+\frac{bQ}{t} \qquad (4-2-12)$$

上式中有$Q,S,t,t_1$四个决策变量，但自由变量只有两个，易知

$$S=dt_1,\quad Q=dt$$

代入式（4-2-12）得

$$f(t_1,t)=\frac{1}{t}[\frac{1}{2}hdt_1^2+\frac{1}{2}ld(t-t_1)^2]+\frac{a}{t}+bd \qquad (4-2-13)$$

其极小点的一阶条件为

$$\begin{cases}\dfrac{\partial f}{\partial t_1}=\dfrac{1}{t}[hdt_1-ld(t-t_1)]=0\\ \dfrac{\partial f}{\partial t}=\dfrac{1}{t^2}[hdt_1^2+\dfrac{1}{2}ld(t-t_1)^2]+\dfrac{1}{t}ld(t-t_1)-\dfrac{a}{t^2}=0\end{cases}$$

由第一个方程可得

$$t_1=\frac{lt}{h+l} \qquad (4-2-14)$$

第二个方程可化简为

$$\frac{\partial f}{\partial t}=-\frac{1}{2}ld-\frac{1}{2t^2}(h+l)dt_1^2-\frac{a}{t^2} \tag{4-2-15}$$

把式（4-2-14）代入式（4-2-15），可得

$$\frac{hld}{2(h+l)}-\frac{a}{t^2}=0 \tag{4-2-16}$$

由此可得最佳运营周期为

$$t^*=\sqrt{\frac{2a(h+l)}{hld}} \tag{4-2-17}$$

$$t_1^*=\frac{l}{h+l}t^*=\sqrt{\frac{2al}{hd(h+l)}} \tag{4-2-18}$$

最佳订货批量

$$Q^*=dt^*=\sqrt{\frac{2ad(h+l)}{hl}} \tag{4-2-19}$$

最佳库存量

$$S^*=dt_1^*=\sqrt{\frac{2ald}{h(h+l)}} \tag{4-2-20}$$

最大缺货量

$$W^*=Q^*-S^*=\frac{h}{h+l}Q^*=\sqrt{\frac{2ahd}{l(h+l)}} \tag{4-2-21}$$

单位时间的最小平均运营费用

$$f^* = \sqrt{\frac{2ahld}{h+l}} + bd \tag{4-2-22}$$

注：若不允许缺货，则$l \to \infty, \frac{l}{h+l} \to 1$，易见这时模型Ⅲ就成了模型Ⅰ了.

**例4.2.3** 一家公司经营一种图书馆专用书架．根据以往的销售记录进行市场预测，估计今后一年这种书架的需求量为4900个．其所销售的书架是靠订货来提供的，存储一个书架一年要花费1000元．若允许缺货，设一个书架缺货一年的缺货费为2000元，求出使年总费用最低的最优订货批量、相应的最大缺货量及相应的周期.

**解：** 由题意知$l$=2000，已知$a$=500元/次，$d$=4900个/年，$h$=1000元/（个·年）.

使年总费用最低的最优订货批量：

$$Q^* = dt^* = \sqrt{\frac{2ad(h+l)}{hl}} = \sqrt{\frac{2\times 500\times 4900(1000+2000)}{1000\times 2000}} = 86 \text{（个）}$$

最大缺货量为

$$W^* = Q^* - S^* = Q^* - \sqrt{\frac{2ald}{h(h+l)}} = 86 - \sqrt{\frac{2\times 500\times 2000\times 4900}{1000(1000+2000)}} \approx 29 \text{（个）}$$

最佳运营周期为

$$t^* = \sqrt{\frac{2a(h+l)}{hld}} = \sqrt{\frac{2\times 500(1000+2000)}{1000\times 2000\times 4900}} \approx 0.0175 \text{年（约 6.39 天）}$$

### 4.2.4 模型Ⅳ：允许缺货、补充需要一段时间的经济批量模型

下面我们讨论，允许缺货、补充需要一段时间的经济批量模型. 对模型作以下假设：

（1）需求是连续的、均匀的，需求速度 $d$ （ $d>0$ ）是常数；

（2）补充需要一段时间，生产是连续的、均匀的，生产速度$p$是常数，且$p>d$；

（3）单位存储费为$h$，单位缺货损失费为$l$，订购费为$a$.

模型Ⅳ的存储状态如图4–8所示. 在每一周期$[0,t]$内，从$\tau=0$开始以速度$p$进货，因为此刻有累计缺货量$W$，所以在开始一段时间$[0,\tau_1]$内无存储，进货一要满足该时间段内的需求，二要还清缺货阶段预售的货物. 在时间段$[\tau_1,\tau_2]$内继续进货，从$\tau_1$时刻起，存储以$p-d$的速度由0递增，到$\tau_2$时刻达到最高水平$S$并停止进货. $[\tau_2,\tau_3]$为纯消耗期，存储以速度$d$由$S$递减，到$\tau_3$时刻降为0. $[\tau_3,t]$为缺货期，不进货只进行预售，直到$t$时刻开始进货，开始新的运行周期.

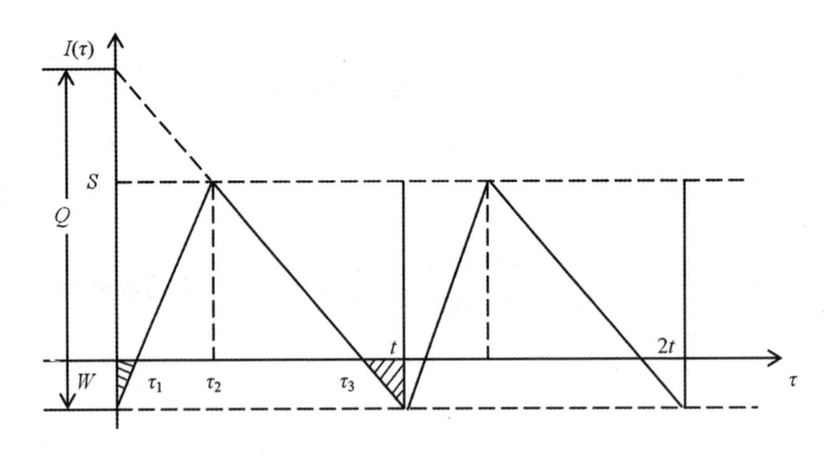


图4–8

图4–8中的每一周期$t$都对应于图4–7（模型Ⅲ）中的一个周期$t$，模型Ⅳ中相应的需求速度记做$d_1$，则有$Q_1 = d_1 t$，由假设条件可知

$$S = d(\tau_3 - \tau_2), W = d(t - \tau_3), Q = p\tau_2 = dt$$

则有

$$Q_1 = S + W = d(t - \tau_2) = d(t - \frac{d}{p}t) = d(1 - \frac{d}{p})t$$

故

$$d_1 = d(1 - \frac{d}{p})$$

用$d_1$取代式（4–2–17）中的$d$，即得最佳运营周期为

$$t^* = \sqrt{\frac{2ap(h+l)}{hld(p-d)}} = \sqrt{\frac{2a(h+l)}{hld(1-\frac{d}{p})}} \tag{4–2–23}$$

以及

$$\tau_3^* = \frac{hd+lp}{p(h+l)}t^* = (hd+lp)\sqrt{\frac{2a}{hlpd(p-d)(h+l)}} \tag{4–2–24}$$

$$\tau_1^* = \frac{hd}{p(h+l)}t^* = \sqrt{\frac{2a}{lp(p-d)(h+l)}} \tag{4–2–25}$$

$$\tau_2^* = \frac{d}{p}t^* = \sqrt{\frac{2ad(h+l)}{hlp(p-d)}} \tag{4–2–26}$$

最佳订货批量为

$$Q^* = dt^* = \sqrt{\frac{2ad(h+l)}{hl(1-\frac{d}{p})}} \tag{4–2–27}$$

最大缺货量为

$$W^* = \frac{hd}{h+l}(1-\frac{d}{p})t^* = \sqrt{\frac{2ahd}{l(h+l)}(1-\frac{d}{p})} \quad (4\text{-}2\text{-}28)$$

最大储存量为

$$S^* = \sqrt{\frac{2ald}{h(h+l)}(1-\frac{d}{p})} \quad (4\text{-}2\text{-}29)$$

单位时间最小平均费用为

$$f^* = \sqrt{\frac{2ahld}{h+l}(1-\frac{d}{p})} + cd \quad (4\text{-}2\text{-}30)$$

注：当 $p \to \infty$ 时，模型Ⅳ就成为模型Ⅲ；当 $\to \infty$ 时，模型Ⅳ就成为模型Ⅱ；而当 $p \to \infty$ 且 $l \to \infty$ 时，则模型Ⅳ就成为模型Ⅰ.

**例4.2.4** 某车间每年能生产本厂所需要的某种零件96000个，全厂每年均匀地需要这种零件约24000个．已知每个零件存储一个月所需的存储费是0.1元，每批零件生产前所需的安装费是350元．当供货不足时，每个零件缺货的损失费为0.2元/月．缺货在到货后要补足．试问应采取怎样的存储策略最合适?

**解：**已知：$a$=350元，$d$=24000/12=2000，$p$=96000/12=8000，$h$=0.1元，$l$=0.2元，则由上面的公式可知，最佳运营周期为

$$t^* = \sqrt{\frac{2ap(h+l)}{hld(p-d)}} = \sqrt{\frac{2a(h+l)}{hld(1-\frac{d}{p})}} = \sqrt{\frac{2\times 350(0.1+0.2)}{0.1\times 0.2\times 2000(1-\frac{20000}{80000})}} \approx 2.65 \text{（月）}$$

最佳订货批量为

$$Q^* = dt^* = 2000\times 2.65 = 5300 \text{（个）}$$

最大库存量为

$$S^* = \sqrt{\frac{2ald}{h(h+l)}(1-\frac{d}{p})} = \sqrt{\frac{2\times 350\times 0.2\times 2000}{0.1(0.1+0.2)}(1-\frac{2000}{8000})} \approx 2646\text{（个）}$$

# 4.3　随机性存储模型

随机型存储模型中的需求是随机的，由于需求量的变化，存储费用也相应发生变化，总费用可以随机变量的函数形式出现，而不是一个确定的函数．随机型存储模型的存储策略主要有三种：一是定期订货，即每隔一定时间订货，使货物补充至本周起初的数量$S$；二是定点订货，即当存储降到某一确定数量$s$时订货，每次订货量$S-s$不变；三是把前面两者相结合，即每隔一定时间检查一下存储，如果存储量大于$s$则不订货，如果存储量小于$s$，则订货使存储达到$S$，也就是前面介绍的（$s$，$S$）策略．

## 4.3.1　模型Ⅴ：需求是离散型随机变量的存储模型

模型的假设：

（1）需求随机，但在每一固定周期内的需求量$r$的概率分布$P(r)$已知；

（2）订货与交货之间的时间很短，在模型中取作0；

（3）进货时间很短，在模型中也取作0，视为即时补充．

用一个典型例子——报童问题来分析这类模型的解法．

报童问题：有一报童每天售报数量$r$是一个离散型随机变量，其概率分

布 $P(r)$ 根据以往经验已知．假设每卖出一份报纸可赚$k$元，如果报纸未售出，则每份报纸赔$h$元．问报童每天最好准备多少份报纸?

此问题就是要确定报童每天报纸的订货量$Q$，使盈利的期望值最大或损失的期望值最小?

以下用损失的期望值最小来确定订货量．

假设每天售出 $r$ 份报纸，概率为$=P(r)$，$\sum_{r=0}^{\infty}P(r)=1$，报童每天订购$Q$份报纸．损失有两种：

（1）当供大于求（$Q \geq r$）时，这时报纸因当天不能售完，第二天需降价处理，其损失的期望值为

$$\sum_{r=0}^{\infty}h(Q-r)P(r)$$

（2）当供不应求（$Q<r$）时，因失去销售机会而少赚钱的损失期望值为

$$\sum_{r=0}^{\infty}k(r-Q)P(r)$$

故每天准备$Q$份报纸时，报童每天的损失期望值为

$$C(Q)=h\sum_{r=0}^{Q}(Q-r)P(r)+k\sum_{r=Q+1}^{\infty}(r-Q)P(r) \tag{4-3-1}$$

由于报纸订购的份数$Q$只能取整数值，需求量 $r$ 也只能取整数，所以不能用求导数的方法求极值．因此，若报童每日订购报纸份数最佳数量为$Q$时，其损失期望值必满足

$$C(Q)\leq C(Q+1) \tag{4-3-2}$$

$$C(Q)\leq C(Q-1) \tag{4-3-3}$$

同时成立．故将上述两式联立求解可得最佳批量 $Q^{*}$．

由式（4–3–2），有

$$h\sum_{r=0}^{Q}(Q-r)P(r)+k\sum_{r=Q+1}^{\infty}(r-Q)P(r)$$
$$\leq h\sum_{r=0}^{Q+1}(Q+1-r)P(r)+k\sum_{r=Q+2}^{\infty}(r-Q-1)P(r)$$

$$h\sum_{r=0}^{Q}(Q-r)P(r)+k\sum_{r=Q+1}^{\infty}(r-Q)P(r)$$
$$\leq h\sum_{r=0}^{Q}(Q+1-r)P(r)+k\sum_{r=Q+1}^{\infty}(r-Q-1)P(r)$$

经化简得

$$(h+k)\sum_{r=0}^{Q}P(r)-k\geq 0$$

即

$$\sum_{r=0}^{Q}P(r)\geq\frac{k}{h+k} \tag{4-3-4}$$

由式（4–3–3），有

$$h\sum_{r=0}^{Q}(Q-r)P(r)+k\sum_{r=Q+1}^{\infty}(r-Q)P(r)$$
$$\leq h\sum_{r=0}^{Q-1}(Q-1-r)P(r)+k\sum_{r=Q}^{\infty}(r-Q+1)P(r)$$

即

$$\sum_{r=0}^{Q-1}P(r)\leq\frac{k}{h+k} \tag{4-3-5}$$

综合式（4–3–4）和式（4–3–5），可得

$$\sum_{r=0}^{Q-1}P(r)\le\frac{k}{h+k}\le\sum_{r=0}^{Q}P(r) \tag{4-3-6}$$

由式（4–3–6）可以确定最佳订购批量 $Q^*$，其中 $\frac{k}{h+k}$ 称为临界值.

上面我们从损失的期望值最小来确定订货量，类似地，我们也可以从盈利期望值最大来确定订货量，经过整理化简后，我们同样会得到式（4–3–6）.

注：该模型默认两次订货之间没有联系，各自独立，这种一种货物只提出一次订货的存储模型称为单周期存储模型.

**例4.3.1** 设某货物的需求量在17件至26件之间，已知需求量$r$的概率分布如表4–1所示，每售出1件该商品可获利5元，每积压1件则损失3元，问一次进货多少件可以使获利期望值最大？

表4–1

| 需求量 $r$ | 17 | 18 | 19 | 20 | 21 | 22 | 23 | 24 | 25 | 26 |
|---|---|---|---|---|---|---|---|---|---|---|
| 概率 $P(r)$ | 0.12 | 0.18 | 0.23 | 0.13 | 0.10 | 0.08 | 0.05 | 0.04 | 0.04 | 0.03 |

**解：**由题意可知，本题属于随机型存储模型，需求量是离散型随机变量，$k$=5元/件，$h$=3元/件，$\frac{k}{h+k}=\frac{5}{8}=0.625$.

下面由公式 $\sum_{r=17}^{Q-1}P(r)\le\frac{5}{8}\le\sum_{r=17}^{Q}P(r)$ 求$Q$的值.

因为$P$（17）=0.12，$P$（18）=0.18，$P$（19）=0.23，$P$（20）=0.13，所以

$$P(17)+P(18)+P(19)=0.53<0.625$$

$$P(17)+P(18)+P(19)+P(20)=0.66>0.625$$

故最佳订货批量 $Q^*$=20（件）.

### 4.3.2　模型Ⅵ：需求是连续型随机变量的存储模型

假设某一时期需求某种货物，需求量$r$为连续型随机变量，其概率密度为$\varphi(r)$，每件物品的成本为$K$元，售价为$P$元（$P>K$），如果当期未能销售，下一期要降价处理，设处理价为$W$元（$W<K$）. 求最佳订货批量　.

和前面的报童问题类似，如果订货量大于需求量（$Q \geq r$），其盈利的期望值为

$$\int_0^Q \left[(P-K)r-(K-W)(Q-r)\right]\varphi(r)\mathrm{d}r$$

如果订货量小于需求量（$Q \leq r$），其盈利的期望值为

$$\int_Q^{\infty}(P-K)Q\varphi(r)\mathrm{d}r$$

故总利润的期望值为

$$\begin{aligned}C(Q)&=\int_0^Q\left[(P-K)r-(K-W)(Q-r)\right]\varphi(r)\mathrm{d}r+\int_Q^{\infty}(P-K)Q\varphi(r)\mathrm{d}r\\&=-KQ+(P-W)\int_0^Q r\varphi(r)\mathrm{d}r+W\int_0^Q Q\varphi(r)\mathrm{d}r+\\&\quad P\left[\int_Q^{\infty}Q\varphi(r)\mathrm{d}r-\int_0^Q Q\varphi(r)\mathrm{d}r\right]\\&=(P-K)Q+(P-W)\int_0^Q r\varphi(r)\mathrm{d}r-(P-W)Q\int_0^Q\varphi(r)\mathrm{d}r\end{aligned}$$

利用变上限积分的求导公式，对上式关于$Q$求导，得

$$\begin{aligned}\frac{\mathrm{d}C(Q)}{\mathrm{d}Q}&=(P-K)+(P-W)Q\varphi(Q)-(P-W)\left[\int_0^Q\varphi(r)\mathrm{d}r+Q\varphi(Q)\right]\\&=(P-K)-(P-W)\int_0^Q\varphi(r)\mathrm{d}r\end{aligned}$$

令$\frac{\mathrm{d}C(Q)}{\mathrm{d}t}=0$，得

$$\int_0^Q \varphi(r)\mathrm{d}r = \frac{P-K}{P-W}$$

记$F(Q)=\int_0^Q \varphi(r)\mathrm{d}r$，则有

$$F(Q)=\frac{P-K}{P-W} \tag{4-3-7}$$

又因为有

$$\frac{\mathrm{d}^2 C(Q)}{\mathrm{d}Q^2} = -(P-W)\varphi(Q) < 0$$

故由式（4–3–7）求出的$Q^*$为$C(Q)$的极大值点，即$Q^*$是使总利润的期望值最大的最佳经济批量．式（4–3–7）与式（4–3–6）是一致的．

**例4.3.2**　一个报亭经营某种杂志，每册进价1.5元，售价2.0元，如过期，处理价为1.2元．根据多年统计表明，需求服从均匀分布，最高需求量$b$=100册，最低需求量$a$=50册，问应进货多少，才能保证期望利润最高？

**解：**由概率论可知，均匀分布的概率密度为

$$\varphi(r)=\begin{cases}\dfrac{1}{b-a}, a \le r \le b \\ 0, \text{其他}\end{cases}$$

由式（4–3–7），得

$$F(Q)=\frac{P-K}{P-W}=\frac{2.0-1.5}{2.0-1.2}=0.625$$

即

$$\int_0^Q \varphi(r)\mathrm{d}r = 0.625$$

又

$$\int_0^Q \varphi(r)\mathrm{d}r = \int_0^Q \frac{1}{b-a}\mathrm{d}r = \frac{Q-a}{b-a}$$

所以有

$$\frac{Q-50}{100-50} = 0.625$$

由此解得最佳订货批量为 $Q^* \approx 81$（册）.

# 第5章　决策论

决策（Decision Making）是一种对已知目标和方案的选择过程，是人们已知需实现的目标，根据一定的决策准则，在供选方案中做出决策的过程．诸葛亮运筹帷幄“隆中对”为刘备争取三国鼎立的局面制定了战略决策；田忌交换赛马的顺序而赢得比赛的故事也给后人带来优化决策的启示．

## 5.1　决策分析的基本问题

### 5.1.1　决策分析的基本原则

（1）最优化原则．在系统环境条件下，试图追寻最优解，寻找到实现目标的最优方案．在现实生活中往往因为客观条件的影响，人们的决策行动不仅受到外部因素（如时间，信息技术等）的限制，同时也受到作为信息收集者和问题解决者自身条件的限制，使得人们无法得到最优解，只能退而求其次，找到次优解，即求得相对满意解，因此，这一原则也可称为“满意原则”. 今天的管理学家们认为“满意原则”应当是综合标准最优原则，而不单单是追求经济效益最大的原则. “有限理性”理论是由1978年的诺贝尔经济学奖获得者，美国经济学家西蒙教授针对理性决策而创立的决策过程分析理论. 经济学中假设的“理性人”，不会糊涂，精于计算，不会犯错误，不知风险的人，不是生活在我们周围的人.

（2）系统原则. 由于将决策者，决策环境，状态看做一个系统，因此在决策分析时应以系统的总体目标为核心，以满足系统优化要求为准绳，强调系统配套，系统完整和系统平衡，从整个系统出发权衡利弊，进行取舍. 按照系统原则，决策中必须反对顾此失彼和“头痛医头，脚痛医脚”，对于较大决策问题，必须进行系统分析.

（3）可行性原则. 决策必须可行，即决策者选择的方案在技术上、资源上必须可行，否则就不能实现预定的目标，为此决策者在进行决策之前要进行可行性研究，从技术上、经济上以及社会效益上全面考虑. 对于不同的决策目标，可行性研究内容也有所不同. 决策是为了解决问题，而并不是像有些人所说的那样，“规划、规划，纸上画画，墙上挂挂.”不可行的决策外观再漂亮，计算再严密也没有用.

（4）信息准确原则. 经济决策的成功与否，不仅与决策的科学性有关，也与信息的准确性、完整性密切相关. 当然这里的完整信息是指在当前客观条件下，可以获得的所有信息. 在经济决策前需要使用信息，信息是提供决策的依据和材料. 信息不准确，不完整都将严重影响决策的准确性. 在经济决策之后也要使用信息，决策者通过信息反馈，对决策实施情况进行监控和调解，如果缺少了这部分信息，我们的决策过程将是不完整的.

（5）集体决策原则. 所谓集体决策，应该依靠和运用智囊团，对要决策的问题进行系统的调查研究，弄清历史和现状，掌握第一手资料，然后通过方案论证和综合评估，对比择优，提出切实可行的方案供决策者参考. 这样的决策过程是决策者和专家集体智慧的成果，是科学的，经过可行性论证的，因而是切实可行的.

## 5.1.2 决策分析的基本分类

### 5.1.2.1 按性质的重要性分类

可将决策分为：战略决策、策略决策和执行决策（或战略计划、管理控制和运行控制）.

（1）战略决策. 在企业中属于最高层次的决策，是一类关系到全局性、方向性和根本性的决策. 战略决策产生的影响是深远的，对决策系统的各个方面都在较长时间范围内产生影响，如厂址的选择，新产品的开发方向，新市场的开发，原料供应地的选择，等等.

（2）策略决策（管理决策或战术决策）. 属于中层决策，是为了保证战略决策目标的实现，各个管理方面进行的决策，具有局部性，中期性与战术性的特点，如对一个企业来讲，产品规格的选择，工艺方案和设备的选择，厂区和车间内工艺路线的布置，等等.

（3）执行决策（业务决策）. 属于基层决策，是根据策略决策的要求对执行行为方案的选择，是局部性的、暂时性的决策，如企业为提高日常工作的效率，对流水线节拍的确定，对产品质量检测标准的确定，或对零件是否外包的决策. 组织中不同层次的管理者所承担的决策任务是各不相同的. 实践表明，它们之间是相互联系的. 高层管理者经常通过战略决策来引导管理决策和业务决策，中层管理者在作出管理决策时，经常要对战略决策有深入了解，同时他们也指导和帮助基层管理者进行业务决策.

### 5.1.2.2 按决策环境分类

可将决策问题分为：确定型、不确定型和风险型三类.

（1）确定型的决策. 是指决策环境是完全确定的（状态空间唯一确定的），做出的选择结果也是确定的，决策者分析各种可行方案所得的结果，从中选择一个最佳方案. 例如，已知企业产品成本及价格的情况下，可以确定性地得到企业盈亏平衡点的产量，根据实际需求量可以对企业是否投产，是否引进新设备，是否进行固定资产更新等做出决策．确定型决策问题相对来说较简单一些，其求解可直接利用现有的一些数学方法，如微积分中的函数极值法，运筹学中线性规划、动态规划，等等，能得到确定的最优解．

（2）不确定型决策．是指因其所处理事件的未来各种自然状态的出现具有不确定性，决策者对将发生结果的概率一无所知，只能凭决策者的主观倾向进行决策．例如，企业产品未来在市场上可能面临非常受欢迎、一般受欢迎、不受欢迎等情况，从而有三种可能的销售情况，每一种销售情况的出现都有一定的概率，因此企业在该产品产量的决策上需要考虑到未知风险的因素．

（3）风险性决策．是指未来的状态无法确定，但各种状态发生的概率是已知的．例如，某企业决定拿出500万建立投资部，现有三种方案可供选择．

方案一：投入国债，每年稳收入25万元（假定年利率为5%）；

方案二：投入股市，若为牛市，获利100万；若为熊市，无获利；

方案三：入股投资项目．若市场状况好，可收益80万；市场状况一般，可收益40万；市场状况差，收益10万．三种自然状况发生的概率是0.4、0.5、0.1.

方案一，假定年利率5%不变，则其自然状态是完全确定的，其收益25万元，没有任何风险，为确定型决策问题．

方案二，有两种可能遇到的情况：牛市、熊市，且由于股票市场变化莫测，两种情况发生的概率是无法预测的，所以为不确定型决策．

方案三，有三种不同的市场状态，其发生的概率已知，其收益的期望值为$80\times0.4+40\times0.5+10\times0.1=53$（万），为风险型决策．

从本例可看出，对不同类型的决策问题，我们应采取不同的决策方法，区别对待．另外，人们对自然状态信息的不完全掌握，也决定了决策一定是有风险的，如方案三，市场状态差概率虽小，但并不代表不发生，若我们选择方案三，有可能收益只有10万，若减去机会成本（方案一收益25万），则我们的决策是失败的，这是决策问题的难题所在，也体现了信息的价值，实际上最好的方案或许是把资金以不同的比例投入三个市场，不过如何确定分配的比例，则是投资组合的优化问题，并非我们研究的重点．

### 5.1.2.3 按决策的结构分类

决策可分为程序化、非程序化和半程序化三种，三者之间的区别如表5-1所示.

表5-1

| 决策类型 | 传统方法 | 现代方法 |
| --- | --- | --- |
| 程序化 | 现有的规章制度 | 运筹学、管理信息系统 |
| 半程序化 | 经验、直觉 | 灰色系统、模糊数学等方法 |
| 非程序化 | 经验、应急创新能力 | 人工智能、风险应变能力培训 |

（1）程序化决策又称常规决策，是指对所决策的问题可按固定的程序或方法进行处理. 这种决策能够广泛应用数学方法和电子计算机，其所解决的问题具有反复性、再生性、多变性等特点.

（2）非程序化决策是对偶然发生或初次发生的问题进行决策，没有固定的程序和方法，更多地需要决策者的经验和判断能力决策. 非程序化决策要体现决策者的创造性，而且风险也较高，所以非程序化的决策权一般为企业的高层管理人员所掌握.

（3）半程序化决策，介于程序化决策与非程序化决策之间，用于解决一些灰色或模糊管理问题.

实际的决策问题往往是十分复杂的，并不能简单地，可以把它们描述得一清二楚的. 对多因素问题的研究，我们往往进行了某些简化，一些未知因素也进行了估计和预测.

人工智能既是控制论的分支之一，也是计算机科学的分支之一.

### 5.1.2.4 按描述问题的方法分类

决策可分为定性与定量的决策.

描述决策对象的指标均可量化，决策者可以利用统计资料，建立数学模型进行的决策叫做定量决策. 例如，企业生产的盈亏平衡决策，成本控制决策等.

定性决策是指决策的目标和未来的行动无法用数量表示，而只能进行抽象概括和定性描述，决策者主要依据其知识、经验进行决策. 例如，经济体制改革决策，组织机构调整决策等.

定性决策和定量决策的划分是相对的，二者在一定条件下可以相互转换. 在实践中，为了提高决策的科学性，经常需要将定性和定量决策方法结合起来，将定性问题定量化描述来求解问题.

#### 5.1.2.5 按目标的数量分类

决策可分为单目标决策和多目标决策.

单目标决策是指决策目标仅有一个，如果目标不止一个，则称多目标决策. 在单目标决策中，目标唯一，求最优值；而在多目标决策中，有多个目标，可能各目标值之间存在冲突，不可能全部最优，必然要进行目标排序或赋权，求出满意或均衡解.

#### 5.1.2.6 按决策过程的连续性分类

决策可分为单级（静态）决策和序贯（动态）决策.

单级决策是指整个决策过程只做一次决策就得到结果.

序贯决策是指整个决策过程中由一系列决策组成. 一般讲管理活动是由一系列决策组成的，但在这一系列决策中往往有几个关键环节要做决策，可以把这些关键的决策分别看做单级决策.

### 5.1.3 科学决策的一般程序

任何科学决策的形成都必须执行科学的决策程序，使思维和行为规范化、条理化. 其决策的一般步骤如下.

#### 5.1.3.1 通过调研发现问题

为了发现问题，必须先进行调查研究. 调查应建立在科学统计的基础上，通过样本反映总体，抓住事物发展的特征.

所谓问题，就是现状和目标间的差距. 这里有三点需要注意：一是要看差距有多大，是否超过了一定限度，如果在允许的范围之内，一般就构不成问题；二是要估计差距的发展趋势，即使目前差距不很明显，但从未来发展趋势来看，差距会越来越大，那么，这个问题就值得重视；三是要看差距的影响程度，影响越大，越需要密切关注.

发现问题，要求对问题的表现（时间、空间程度等），问题的性质（迫切性、发展性、严重性等），问题的原因有清楚的了解. 只有深入了解问题，才能开展决策活动.

#### 5.1.3.2 确定目标

决策目标是根据所要解决的问题来确定的，因此在明确了问题之后，就应该确立目标以解决问题. 目标是否可行，是否合理决定了决策的成败，因此要根据决策的问题，经过周密、系统、全面的分析和归纳，分清问题的主次后来确定目标. 如果目标确定不当，不仅决策无法达到预期结果，而且会造成巨大经济损失. 例如，法国航空公司在20世纪60年代决定试制协和式飞机，目标是制造出“喷气式、超音速、宽机体”的飞机，但由于追求超音速而带来了高噪音问题，严重影响了飞机的安全飞行标准，耗资数十亿美元，最后只能改变既定目标，尽力挽回损失.

因此在确定目标时，我们应注意以下几点.

（1）确定目标要从客观实际出发，目标要满足可行性和合理性的要求. 目标对决策起到指导作用，一旦所确定的目标脱离实际，没有科学依据，那么以后的决策过程以及决策的结果将不存在科学性. 因此在确定目标前，要对目标的正确性进行反复的、充分的论证.

（2）目标必须具体明确．一是指概念的含义要确切，避免含糊其辞、模棱两可；二是指时间要明确，即完成目标的时间要明确；三是指约束条件要明确，如可用资源的约束等．

（3）确定目标要有全局观点．经济决策的确定要有全局观点，以大局为重，要以系统优化为指导思想，不能片面追求本企业、本部门的经济效益而忽视社会效益．如在考虑某项经济建设项目时，地方政府和企业不能为了追求地方经济的短期快速增长和资金的迅速积累而造成对环境和生态平衡的破坏．

#### 5.1.3.3　收集分析有关决策目标的信息

信息是决策的基础，是控制决策实施的依据，是检验决策是否正确的尺度．经济决策失误往往与信息失灵有关，若信息传递迟缓，决策者无法及时掌握情况的变化，就会导致决策失误．

#### 5.1.3.4　预测未来

搜集资料和预测都是决策的前提，没有资料和预测就难以做出正确的决策．

时间序列的三个阶段是过去、现在和未来．

#### 5.1.3.5　拟订各种可供选择的方案

为了实现决策目标，必须拟定出可供选择的各种可行方案．方案在设计时一般要经过两大步骤：一是轮廓设想，二是细部设计．轮廓设想从不同角度大胆设想各种方案，但不要求过多地考虑细节，如同新产品设计的构思阶段；而细部设计是对已提出的设想做进一步加工，形成具体方案．具体方案应至少包括三个方面的内容：一是本方案的各个构成要素；二是明确各要素间的关系；三是提出方案实施的条件，并对可能产生的结果做出初步评价．

#### 5.1.3.6　评价和选择方案

对方案的评估是选择方案的前提，选择方案则是评价的结果．一般按以下标准对方案进行评估．

（1）方案能否保证实现目标．决策的目的是达到目标，因此评价方案的优劣首先应看与目标的贴近度．

（2）局部服从全局．评价一个方案应从全局的角度来衡量．如果一个方案只对局部有利，而对全局来说是不利的，那么这个方案就不是理想的．

（3）讲究效益，求利避害．在保证目标能够实现和对全局有力的前提下，评价一个方案就要看实施方案所需要的代价和时间，以实现最佳效益．

（4）协调与适应．决策方案中所涉及的各种因素，如人力、财力、时间等要能和谐配套，方案实施后，要能适应环境的变化和意外事件的干扰．

（5）可行性．方案是否可行，可以从方案的技术适宜性，经济合理性和建议可行性角度进行综合论证．

在做完了方案评估后，我们就能在备选方案中选择最优或令人满意的决策方案．选择最优方案的方法有两大类：一类称为经验判断法，即决策者根据以往的经验和所掌握的材料，综合以上对各种备选方案的评价多方面比较，从中选出最优或令人满意的方案；另一类称为数学的方法，它是运用优化数学或统计数学的方法，求出目标的最优解．

#### 5.1.3.7　实施、监督和反馈

最优方案选定以后，就要付诸实施．方案实施的过程，实质也是对方案的一个重新检查过程．因此，必须对方案的实施过程进行监控，发现问题，及时纠正，这也就是反馈．必要时还需要中止方案的执行过程，以便对整个方案乃至目标进行重新考虑．

在管理的实践中，决策总是不断地进行的．所以上述过程必然是循环的．有时候每一步的进行可能都要回到上一步，这是不可避免的．

比如在拟定方案的过程中，可能会发现对问题的认识尚不十分清楚，这就需要回到第一步．

下面我们可以通过一个流程图5-1，把经济决策的步骤表示出来.

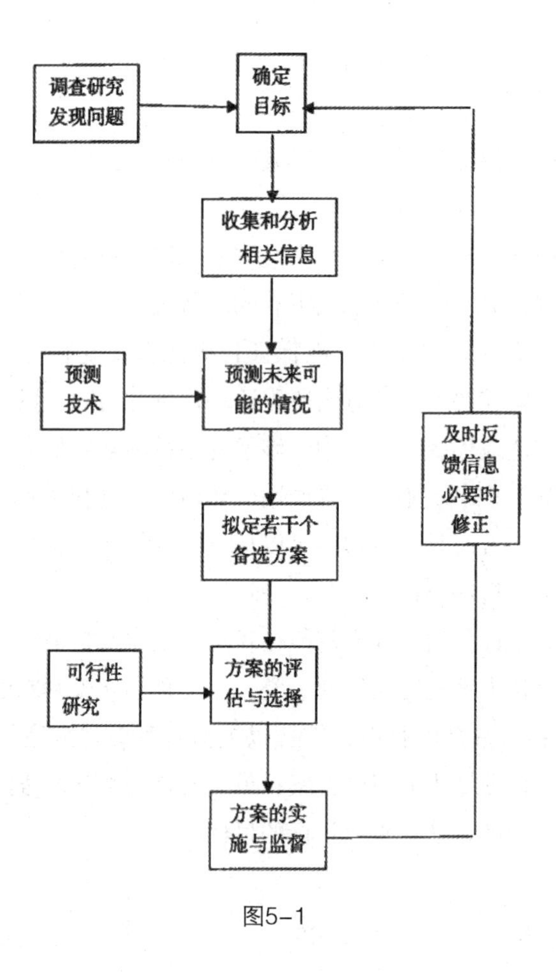


图5-1

## 5.2 确定型决策问题

自然状态已被弄清楚而且完全确定，从而可按既定目标及评价准则选定行动方案，这样的决策就称为确定型决策问题.

**例5.2.1** 假设某人需要从甲地到乙地，有三个方案：乘火车，乘船及乘飞机可供选择，如表5-2所示.

表5-2 单位：元

| 方案 | $A_1$（乘火车） | $A_2$（乘火车） | $A_3$（乘火车） |
| --- | --- | --- | --- |
| 旅费 | 600 | 450 | 1800 |

在本例中，某人要从甲地到乙地（自然状态是确定的），已知决策者希望达到的目标是支付旅费最小，又知存在着三个可供选择的方案，每种方案的损失值（支付旅费）可以一一列出，因此这是一个确定型决策问题. 某人需从甲地到乙地希望旅费最少，显然是可以选择方案A2，即选择乘船前往. 但是，如果决策者希望达到的目标是省时间，那么也就是要选择方案A3了，即选择乘飞机前往. 由此可见，即使在确定型决策问题中，决策者希望达到的目标不同，所选择的策略也会不同.

**例5.2.2** 某企业生产两种产品：A和B，有关资料如表5-3所示，试求企业盈利最大时A和B的产量.

表5-3

| | 生产1千克A需要 | 生产1千克B需要 | 资源限制 |
| --- | --- | --- | --- |
| 原料/千克<br>使用设备/小时<br>劳动力/人 | 8<br>2<br>9 | 5<br>5<br>10 | 400<br>200<br>500 |
| 盈利/元 | 20 | 35 | |

**解：** 这是为了获得企业最大盈利，如何组织两种产品的产量的决策问题.

显然这是一个确定型决策问题. 我们可以用线性规划来建立决策模型，并求出解来.

设：$x_n$表示产品$A$的生产量（千克）×表示产品B的生产量（千克）

目标函数为：

求$\max f=20x_1+35x_2$

满足 $\begin{cases}8x_1+5x_2\leq 400\\2x_1+5x_2\leq 200\\9x_1+10x_2\leq 500\\x_1\geq 0,x_2\geq 0\end{cases}$

用单纯型法求解后得到：$x_1$=20千克，$x_2$=32千克.

这时的最大盈利为1520元.

一般的，线性规划、动态规划、网络模型都是求解该类问题的方法.

确定型决策问题虽然是一种逻辑比较简单的决策，但在实际工作中往往是很复杂的.

## 5.3 非确定型决策问题

下面介绍几种常用的处理不确定型决策问题的方法，实际上是几种常用的原则. 以下均假设决策矩阵中的元素$a_{ij}$为收益值.

### 5.3.1 悲观准则（max–min准则）

这种方法的基本思想是假定决策者从每一个决策方案可能出现的最差结果出发，且最佳选择是从最不利的结果中选择最有利的结果. 记

$$u\left(A_i\right)=\min_{1\leq j\leq n}a_{ij}\left(i=1,\cdots,m\right)$$

则最优方案 $A_i^*$ 应满足

$$u\left(A_i^*\right)=\max_{1\le i\le m} u\left(A_i\right)=\max_{1\le i\le m}\min_{1\le j\le n} a_{ij}$$

**例5.3.1**　设某决策问题的决策收益如表5-4所示.

表5-4

| 方案 | 状态 | | | | $\min a_{ij}$ |
|---|---|---|---|---|---|
| | $S_1$ | $S_2$ | $S_3$ | $S_4$ | |
| $A_1$ | 4 | 5 | 6 | 7 | 4 |
| $A_2$ | 2 | 4 | 6 | 9 | 2 |
| $A_3$ | 5 | 7 | 3 | 5 | 3 |
| $A_4$ | 3 | 5 | 6 | 8 | 3 |
| $A_5$ | 3 | 5 | 5 | 5 | 3 |

由此可得

$$u\left(A_1\right)=\min\{4,5,6,7\}=4$$
$$u\left(A_2\right)=\min\{2,4,6,9\}=2$$
$$u\left(A_3\right)=\min\{5,7,3,5\}=3$$
$$u\left(A_4\right)=\min\{3,5,6,8\}=3$$
$$u\left(A_5\right)=\min\{3,5,5,5\}=3$$

由此可得$A_1$为最优方案

$$u\left(A_1\right)=\max_{1\le i\le 5} u\left(A_i\right)=4$$

## 5.3.2 乐观准则（max-max准则）

这种准则的出发点是假定决策者对未来的结果持乐观的态度，总是假设出现对自己最有利的状态．记

$$u\left(A_i\right)=\max_{1\le i\le n} a_{ij}\left(i=1,\cdots,m\right)$$

则最优方案 $A_i^*$ 应满足

$$u\left(A_i^*\right)=\max_{1\le i\le m} u\left(A_i\right)=\max_{1\le i\le m}\max_{1\le j\le n} a_{ij}$$

仍以例5.3.1为例，有

$$u\left(A_1\right)=\max\left\{4,5,6,7\right\}=7$$
$$u\left(A_2\right)=\max\left\{2,4,6,9\right\}=9$$
$$u\left(A_3\right)=\max\left\{5,7,3,5\right\}=7$$
$$u\left(A_4\right)=\max\left\{3,5,6,8\right\}=8$$
$$u\left(A_5\right)=\max\left\{3,5,5,5\right\}=5$$

由

$$u\left(A_2\right)=\max_{1\le i\le 5} u\left(A_i\right)=9$$

得到最优方案为$A_2$.

## 5.3.3 折中准则

折中准则是介于悲观准则和乐观准则之间的一个准则，其特点是对客观状态的估计既不完全乐观，也不完全悲观，而是采用一个乐观系数 $\alpha$ 来反

映决策者对状态估计的乐观程度．具体计算方法是：

取 $\alpha\in[0,1]$，令

$$u(A_i)=\alpha\max_{1\le j\le n}a_{ij}+(1-\alpha)\min_{1\le j\le n}a_{ij}\ (i=1,\cdots,m)$$

然后，从 $u(A_i)$ 中选择最大者为最优方案，即

$$u(A_i^*)=\max_{1\le i\le m}\left[\alpha\max_{1\le j\le n}a_{ij}+(1-\alpha)\min_{1\le j\le n}a_{ij}\right]$$

显然，当 $\alpha=1$ 时，即为乐观准则的结果；当 $\alpha=0$ 时，即为悲观准则的结果．

现取 $\alpha=0.8$，则 $1-\alpha=0.2$，有

$$u(A_1)=0.8\times7+0.2\times4=6.4$$
$$u(A_2)=0.8\times9+0.2\times2=7.6$$
$$u(A_3)=0.8\times7+0.2\times3=6.2$$
$$u(A_4)=0.8\times8+0.2\times3=7.0$$
$$u(A_5)=0.8\times5+0.2\times3=4.6$$

可知，最优方案为 $A_2$．

当 $\alpha=0.6$ 时，最优方案仍为 $A_2$；而当 $\alpha=0.5$ 时，最优方案可以是 $A_1$，$A_2$ 或As；当 $\alpha=0.4$ 时，最优方案为 $A_1$．当 $\alpha$ 取不同值时，反映决策者对客观状态估计的乐观程度不同，因而决策的结果也就不同．一般地，当条件比较乐观时，$\alpha$ 取得大些；反之，$\alpha$ 应取得小些．

## 5.3.4 等可能准则（Laplace准则）

这种准则的思想在于对各种可能出现的状态“一视同仁”，即认为它们

出现的可能性都是相等的，均为$\frac{1}{n}$（有$n$个状态）. 然后，再按照期望收益最大的原则选择最优方案. 根据等可能准则，有

$$u(A_1)=\frac{1}{4}(4+5+6+7)=5.50$$

$$u(A_2)=\frac{1}{4}(2+4+6+9)=5.25$$

$$u(A_3)=\frac{1}{4}(5+7+3+5)=5.00$$

$$u(A_4)=\frac{1}{4}(3+5+6+8)=5.50$$

$$u(A_5)=\frac{1}{4}(3+5+5+5)=4.50$$

又由

$$u(A_1)=u(A_4)=\max_{1\le i\le 5}u(A_i)=5.50$$

可知最优方案为$A_1$或$A_4$.

### 5.3.5 遗憾准则（min–max准则）

遗憾准则就是尽量减少决策后的遗憾，使决策者不后悔或少后悔. 具体计算时，首先要根据收益矩阵算出决策者的“后悔矩阵”，该矩阵的元素（称为后悔值）$b_{ij}$的计算公式为

$$b_{ij}=\max_{1\le i\le m}a_{ij}-a_{ij}\left(i=1,\cdots,m\quad j=1,\cdots,n\right)$$

然后，记

$$r(A_i)=\max_{1\le j\le n}b_{ij}\left(j=1,\cdots,n\right)$$

所选的最优方案应使

$$r\left(A_i^*\right)=\min_{1\le i\le m} r\left(A_i\right)=\min_{1\le i\le m}\max_{1\le j\le n} b_{ij}$$

仍以例5.3.1为例，计算出的后悔矩阵如表5-5所示，最优方案为$A_1$或$A_4$.

表5-5

| 方案 | 状态 | | | | $\min b_{ij}$ |
|---|---|---|---|---|---|
| | $S_1$ | $S_2$ | $S_3$ | $S_4$ | |
| $A_1$ | 1 | 2 | 0 | 2 | 2 |
| $A_2$ | 3 | 3 | 0 | 0 | 2 |
| $A_3$ | 0 | 0 | 3 | 4 | 4 |
| $A_4$ | 2 | 2 | 0 | 1 | 2 |
| $A_5$ | 2 | 2 | 1 | 4 | 4 |

表5-6给出了例5.3.1利用不同准则进行决策分析的结果，一般来说，被选中多的方案应予以优先考虑.

表5-6

| 准则 | 决策方案 | | | | |
|---|---|---|---|---|---|
| | $A_1$ | $A_2$ | $A_3$ | $A_4$ | $A_5$ |
| max-min准则 | √ | | | | |
| max-max准则 | | √ | | | |
| 折中准则（$\alpha$=0.8） | | √ | | | |
| Laplace准则 | √ | | | √ | |
| min-max准则 | √ | | | √ | |

# 5.4　风险型决策问题

## 5.4.1　风险型决策分析的基本条件

风险型决策，也称为随机型决策，或统计型决策，它是指决策者对未来的情况无法做出肯定的判断，但可以借助于统计资料推算出各种情况发生的概率．进而做出决策．风险型决策问题应具备的条件为：

（1）存在决策者希望达到的一个明确目标；

（2）存在可供决策者选择的不同方案；

（3）存在多种状态；

（4）能够推算出各种方案在各种状态下的损益值；

（5）可以确定各种状态产生的概率．

记 $A=\{a_1,a_2,\cdots,a_m\},s=\{s_1,s_2,\cdots,s_n\},R(a_i,s_j)=r_{ij}$

$p$（$s_j$）表示状态$r_{ij}$发生的概率．

风险型决策的决策表模型表5-7所示．

表5-7

| s / $R(a,s)$ / $A$ | $s_1$ | $s_2$ | $\cdots$ | $s_n$ |
|---|---|---|---|---|
| | $p(s_1)$ | $p(s_2)$ | $\cdots$ | $p(s_n)$ |
| | $r_{11}$ | $r_{12}$ | $\cdots$ | $r_{1n}$ |
| $a_2$ | $r_{21}$ | $r_{22}$ | $\cdots$ | $r_{2n}$ |
| $\cdots$ | $\cdots$ | $\cdots$ | $\cdots$ | $\cdots$ |
| $a_m$ | $r_{m1}$ | $r_{m2}$ | $\cdots$ | $r_{mn}$ |

与确定型决策相比较．风险型决策的状态是不确定的，至少有两种且每种状态的概率已知．因此这种问题的决策要冒一定的风险．下面讨论两种基本的风险型决策分析方法．

## 5.4.2 期望值准则

决策分析的期望值法主要是指离散型随机变量的数学期望，因为自然状态常常是离散的，如果$X$是一个离散型随机变量，可能取的值为$x_1$，$x_2$，…，$x_m$.

$P(x)$表示当变量$X$取$x_1$时的概率，那么，$X$的期望值为

$$E(X)=\sum_{i=1}^{m}x_1 p(x_1)$$

现在我们把每个方案$A_1$看成是离散型随机变量，它在状态$S_1$时所取的值就是方案中所对应的损益值$a_{ij}(j=1,2,\cdots,n)$，则$A_i$取到$a_{ij}$的概率就应该是$p_j$，即$p(a_{ij})=p_j(j=1,2,\cdots,n)$.

根据上面的讨论，我们知道方案$A_i$的期望值为

$$E(A_i)=\sum_{j=1}^{m}a_{ij}p_j\left(i=1,2,\cdots,m\right)$$

期望值法就是决策者根据各个方案的期望值大小来选择最优方案．

**例5.4.1** 某电信公司决定开发新产品，需要对产品品种做出决策，有三种产品$A_1$，$A_2$，$A_3$可供开发．未来市场对产品需求情况有三种，即较大，中等，较小．经估计各种方案在各种自然状态下的效益值即发生的概率如表5–8所示，工厂应生产哪种产品，才能使其收益最大？

表5-8

| 自然状态及概率 效益 方案 | 需求量较大 $P_1=0.3$ | 需求量中等 $P_2=0.4$ | 需求量较小 $P_3=0.3$ |
|---|---|---|---|
| $A_1$ | 50 | 20 | –20 |
| $A_2$ | 30 | 25 | –10 |
| $A_3$ | 10 | 10 | 10 |

（1）先求效益期望值.

$$E(A_1)=50\times0.3+20\times0.4+(-20)\times0.3=17$$
$$E(A_2)=30\times0.3+25\times0.4+(-10)\times0.3=16$$
$$E(A_3)=10\times0.3+10\times0.4+10\times0.3=10$$

（2）max{17，16，10}=17，即开发$A_1$产品.

此外，用矩阵方法求解，则更为方便．记$V$为条件效益矩阵，$P$为概率矩阵，EMV为效益期望值，则：$\mathrm{EMV}=\mathrm{VP}^{\mathrm{T}}$有

$$V=\begin{pmatrix}50&20&-20\\30&25&-10\\10&10&10\end{pmatrix}\quad P=(0.3,0.4,0.3)$$

$$\mathrm{EMV}=\mathrm{VP}^{\mathrm{T}}=\begin{pmatrix}50&20&-20\\30&25&-10\\10&10&10\end{pmatrix}\begin{pmatrix}0.3\\0.4\\0.3\end{pmatrix}=\begin{pmatrix}17\\16\\10\end{pmatrix}$$

max EMV=17（万元），因此选择相应方案，即开发$A_1$产品.

### 5.4.3 决策树法

决策树法实质上是利用各方案在各种自然状态影响下的期望值来进行决策的另一种方法图解法．之所以称为决策树法，是因为它的图形看起来像棵树．

决策树的结构比较简单，它的一般结构如图5-2所示．

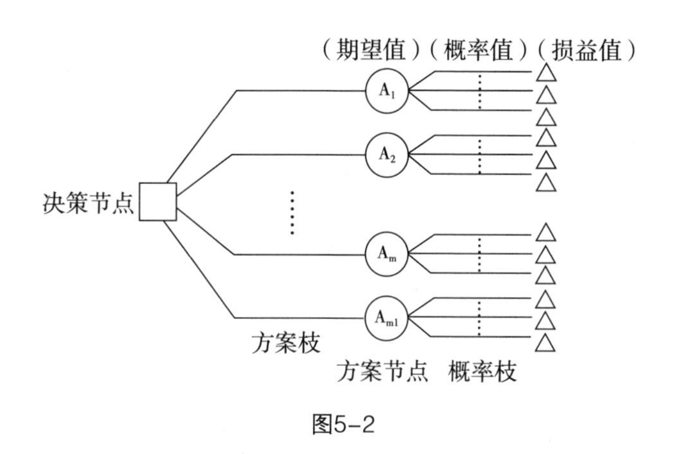


图5-2

□表示决策节点，也称为树根，从它引出的分枝叫方案分枝，每个方案分枝代表一个策略，分枝数反映策略的个数．

—表示方案节点，其上方的数字表示该方案的收益期望值．从它引出的分枝叫状态分枝，每条分枝上标明自然状态及其出现的概率，状态分枝数反映自然状态数．

△表示结果节点，它旁边的数字是每一方案在相应状态下的损益值．

⋮表示剪枝，即去掉该方案，只在方案分枝中应用．当决策问题的目标是效益（如利润、投资回收额等），要取期望值的最大值，此时剪去所有较小的方案分枝；若决策目标是费用支出或损失，则应取期望最小值，剪去其他所有较大的方案分枝．

**例5.4.2** 某公司生产某种产品，一直只在本地区销售，而且销售的前景很好．现在公司想通过向全国销售来增加利润．经过市场调查，了解到全国和本地区对此产品高需求的概率都是0.5，中等需求的概率都是0.25，低需求的概率都是0.25，两种销售在各种需求影响下的利润如表5-9所示，现在问是继续在本地区销售获利大，还是扩大到全国销售获利大?

表5-9　　单位：百万元

| 自然状态 / 状态概率 / 损益值 / 方案 | 高需求$S_1$ | 中等需求$S_2$ | 低需求$S_3$ |
|---|---|---|---|
| | 0.5 | 0.25 | 0.25 |
| 全国销售A1 | 6 | 4 | 2.5 |
| 本地区销售A2 | 4 | 3.8 | 3.5 |

（1）画出决策树（图5-3）.

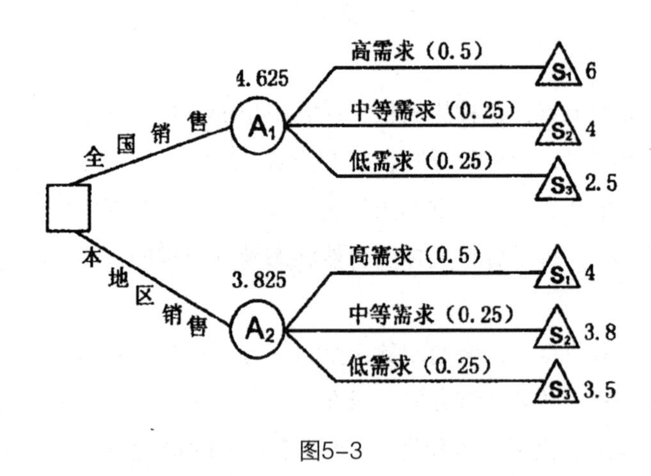


图5-3

（2）计算各方案节点的期望值.

点$A_1$：$E(A_1)=6\times0.5+4\times0.25+2.5\times0.25=4.625$

点$A_2$：$E(A_2)=4\times0.5+3.8\times0.25+3.5\times0.25=3.825$

（3）将各方案节点的期望值表在相应节点上，如图5-3所示.

（4）比较各方案节点上的值，从图5-3中可知$E(A_1)>E(A_2)$，故选A1作为最优方案，并在没有中选的方案分枝上记“x”号.

**例5.4.3**　六台自动车床同时生产一种产品，这种产品的销售量一直在增加. 工厂所面临的问题是再装一台自动车床，还是让职工加班. 通过对市场的调查发现，这种产品在下一年销售量增加的概率是0.656. 通过计算得到下一年两个方案在不同销售情况下的纯利润如表5-10所示，那么，在下一年内是加班好，还是再增加一台机床更好？

表5-10　　单位：万元

| 方案 \ 收益 \ 概率 \ 销售情况 | 销售量增加$S_1$ | 销售量减少$S_2$ |
| --- | --- | --- |
| 概率 | 0.656 | 0.344 |
| 装一台$A_1$ | 3.5 | 2 |
| 加班$A_2$ | 3.25 | 2.8 |

**解：**本题的目的是想选择一个方案，使工厂在下一年内获得的纯利润最大.

（1）画出决策树（图5-4）.

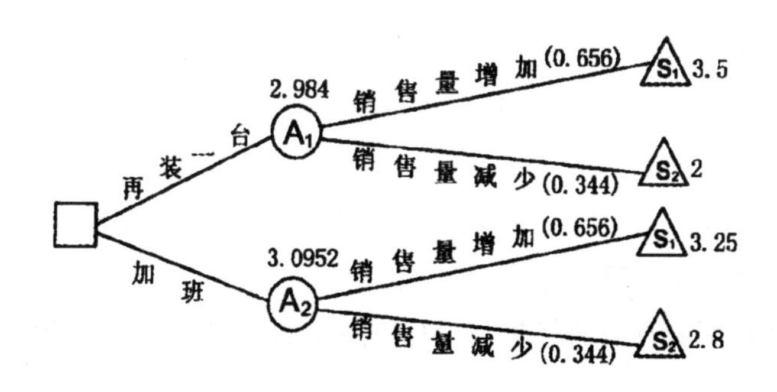


图5-4

（2）计算各方案节点的期望值.

点$A_1$：$E(A_1)$=3.5 × 0.656+2 × 0.344=2.984.

点$A_2$：$E(A_2)$=3.25 × 0.656+2.8 × 0.344=3.0952.

（3）将各方案节点的期望值标在相应节点上.

（4）比较各方案节点的期望值，从图5–4中可知$E(A_1)<B(A_2)$，可见在下一年内最优的选择是加班.

从上面例子可知，用决策树方法进行决策的步骤：

（1）画决策树. 从左向右画，先画决策节点，再画由决策节点引出的方案分枝，有$m$个备选方案就要画$m$个分枝，假设有两个备选方案（全国销售，本地区销售），就要画两个分枝. 方案分枝的端点是方案的节点. 接着画由方案节点引出的状态分枝，有$n$种自然状态就要画$n$个状态分枝.

在例5.4.2中方案节点$A_1$后有三个状态分枝：高需求、中等需求、低需求，在每个状态分枝上标出状态概率值，最后在每个状态分枝末梢画上0，即结果节点，并且标上每个状态下某方案的损益值. 对每个方案分枝都这样处理，就完成了决策树的绘制.

（2）计算各方案节点上的期望值.

（3）根据各方案节点上的期望值进行决策.

应注意的是，画决策树是由左向右逐步进行的，而决策过程中计算出的数字是由右向左进行的.

以上例子只包括一个阶段的决策，其实利用决策树法还可以处理多阶段的决策问题，在此就不说明了.

必须说明，决策树这种方法完全是以效益期望值的大小作为决策的依据的，而单单以期望值作为决策的唯一标准，一般是不全面的，有时各方案在不同状态下的损益值可能反映直接经济效益、间接的经济效益，也可能是生态效益、社会效益. 当损益值是赢利、支出等可量化的指标时，采用期望收益值的方法是可行的. 但当评价指标是一些不容易量化的软指标时（如营销上与现有的其他产品的配套程度，与公司现有的产品在生产技术上的相似程度），如何确定期望收益值将是一个难以解决的问题，或者说期望收益值将变得没有意义.

实际上有时还需要根据其他具体情况来选择方案，进行决策.

决策树法的优点有：

（1）直观、形象，能明确地对比各种可行方案的优劣.

（2）最适合于多级决策，层次清楚，阶段明确，便于集中研究讨论，有利于使决策正确.

（3）在室内挂上这种树形图，便于考核一个重要决策的主要经济依据，并能随着决策的实施进程而加以修改补充，更好地达到原定的决策目标.

## 5.4.4　灵敏度分析

在用期望值准则进行决策的过程中，依赖于各自然状态的发生概率及各方案在各自然状态下的收益值，而这些值都是估算或预测所得，会随其他因素的变化而有所变动（造成这种变动的因素很多，如对自然状态认识的深化，或市场需求的变化等），不可能十分精确. 所以，我们用期望值准则求出最优策略后，有必要对这些数据的变化是否影响最优方案的选择进行分析——灵敏度分析. 所谓的灵敏度分析，就是分析决策所用的数据在什么范围内变化时，原最优决策方案仍然有效. 在这里我们对自然状态发生概率进行灵敏度分析，也就是考虑自然状态发生概率的变化如何影响最有方案的决策.

**例5.4.4**　某公司现需对某一新产品生产批量做出决策，现有三种备选行动方案. $A_1$：大批量生产；$A_2$：中批量生产；$A_3$：小批量生产. 未来市场对这种产品的需求情况有两种可能发生的自然状态；$i_1$：需求量大；$S_2$：需求量小. 根据以往的经验，$S_1$这个自然状态出现的概率为0.3，$S_2$这个自然状态出现的概率为0.7，经估计，公司的收益如表5-11所示，试用最大可能法进行决策.

表5-11

| 自然状态 / 收益值 / 行动方案 | $S_1$（需求量大） | $S_1$（需求量小） |
|---|---|---|
| $A_1$（大批量生产） | 30 | −6 |
| $A_2$（大批量生产） | 20 | −2 |
| $A_3$（大批量生产） | 10 | 5 |

由概率论知识可知，一个事件其概率越大，则其发生的可能性就越大，在风险型决策中选择一个概率最大的自然状态进行决策，置其他自然状态于不顾，这就叫最大可能准则．利用这个准则，实际上把风险型决策问题变成确定型决策问题．

**解：**由于需求量小（$S_1$）的概率是0.7为最大，我们用最大可能准则进行决策时，就按此自然状态进行决策，已知在此自然状态下采用$A_1$方案，收益为−6万元；采用$A_2$方案，收益为−2万元；采用$A_3$方案，收益为5万元．可知公司采用$A_3$方案，即采用小批量生产最佳，获利最多．（此决策应用较广，例如我们打桥牌时常常采用此决策准则，但当一组自然状态中，它们发生的概率相差不大，则不宜采用此准则）．

这时的收益期望值为：$E(A_3)=0.3\times10+0.7\times5=6.5$

如果我们把该例中自然状态发生的概率做一个变化，不妨设：$P(S_1)=0.6$，$P(S_2)=0.4$，这时我们用数学期望准则进行决策，有：

$E(A_1)=0.6\times30+0.4\times(-6)=15.6$

$E(A_2)=0.6\times20+0.4\times(-2)=11.2$

$E(A_3)=0.6\times10+0.4\times5=8$

这样，显而易见随着自然状态概率的变化，最优行动方案也由$A_3$变成$A_1$了，这时最大的数学期望值也由6.5万变成15.6万了．

为了进一步对自然状态发生的概率进行灵敏度分析，我们设自然状态$S_1$发生的概率为$P$，则自然状态$S_2$的发生概率为$1-P$．

即$P(S_1)=P$，$P(S_2)=1-P$

这样我们可计算得到各行动方案的数学期望值：

$E(A_1)=P\times 30+(1-P)\times(-6)=36P-6$

$E(A_2)=P\times 20+(1-P)\times(-2)=22P-2$

$E(A_3)=P\times 10+(1-P)\times 5=5P+5$

为了说明问题，我们做一个直角坐标系．横轴表示$P$的取值，从0到1；纵轴表示数学期望值，这样我们就可以把以上三个直线方程在这个直角坐标系中表示出来，如图5–5所示．

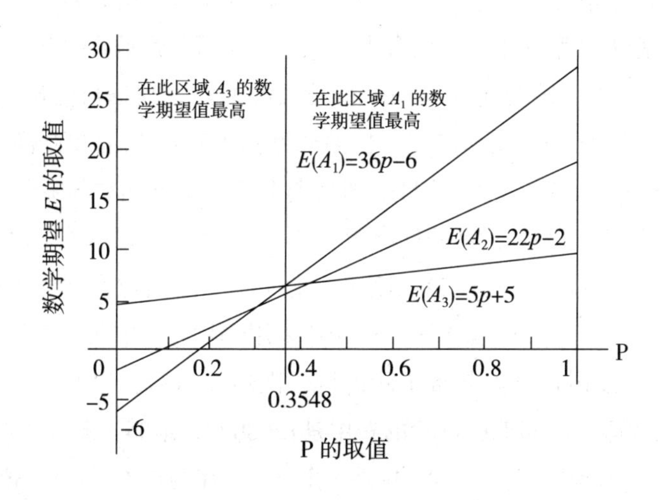


图5–5

在图5–5中，我们可以求出直线：$E(A)=36P-6$与直线：$E(A_3)=5P+5$的交点，此时$E(A_1)=E(A_3)$即$36P-6=5P+5$，$31P=11$，$P=0.3548$．可见，当$P=0.3548$时，$E(A_1)=E(A_3)$．而当$P<0.3548$时，从图5–5中可见在$E(A_1)$，$E(A_2)$，$E(A_3)$中，$E(A_3)$取值为最大，这时行动方案$A_3$为最优行动方案；当$P>03548$时，从图中可见在$E(A_1)$，$E(A_2)$，$E(A_3)$中，$E(A_1)$取值为最大，这时行动方案$A_1$为最优行动方案．我们称$P=0.3548$为转折概率．

### 5.4.5 贝叶斯决策

不确定性经常是由于信息的不完备造成的. 决策的过程实际上是一个不断收集信息的过程. 当信息足够完备时, 决策人便不难做出最后决策. 未收到新信息时根据已有信息和经验, 估计出的概率分布称为先验概率; 当收到一些有关决策的进一步的信息$B$后, 对原有的各种状态发生的概率的估计可能会有所变化, 变化后的概率记为$P(S|B)$, 这是一个条件概率, 表示在得到追加信息$B$后对原概率$P(S)$的修正, 故称为后验概率, 由先验概率得到后验概率的过程称为概率修正, 决策者事实上经常是根据后验概率进行决策的.

**例5.4.5** 某石油公司拥有一个待开发的油田, 根据可能出油的多少, 该块土地属于下面四种类型之一: 出油50万桶 ($S_1$), 出油20万桶 ($S_2$), 出油5万桶 ($S_3$), 无油 ($S_4$), 并且公司目前有三种方案可供选择: 自行钻井 ($A_1$), 无条件出租 ($A_2$), 有条件出租 ($A_3$). 由此该公司可能的利润收益可用表5-12表示, 按过去的经验, 该块土地属于上面四种类型的可能性分别为0.1, 0.15, 0.25, 0.5, 现在该公司究竟采用哪种方案取决于油田的开发前景, 为此石油公司在决策前希望能进行一次地震试验, 以便进一步弄清该地区的地质构造. 已知地震试验的费用是12000元, 地震试验的可能结果是: 构造很好 ($I_1$), 构造较好 ($I_2$)、构造一般 ($I_3$) 和构造差 ($I_4$), 根据过去的经验, 地质构造与油井出油量的关系如表5-13所示, 现在的问题是:

(1) 是否需要做地震试验?

(2) 如何根据地震试验的结果进行决策?

表5-12 元

| | 50万桶 ($S_1$) | 20万桶 ($S_2$) | 5万桶 ($S_3$) | 无油 ($S_4$) |
|---|---|---|---|---|
| 自行钻井 ($A_1$) | 650000 | 200000 | –25000 | –75000 |
| 无条件出租 ($A_2$) | 45000 | 45000 | 45000 | 45000 |
| 有条件出租 ($A_3$) | 250000 | 100000 | 0 | 0 |

表5-13

| $P(I_j \mid S_1)$ | 构造好（$I_1$） | 构造较好（$I_2$） | 构造一般（$I_3$） | 构造差（$I_4$） | 合计 |
|---|---|---|---|---|---|
| 50万桶（$S_1$） | 0.58 | 0.33 | 0.09 | 0 | 1.0 |
| 20万桶（$S_2$） | 0.56 | 0.19 | 0.125 | 0.125 | 1.0 |
| 5万桶（$S_3$） | 0.46 | 0.25 | 0.125 | 0.165 | 1.0 |
| 0万桶（$S_4$） | 0.19 | 0.27 | 0.31 | 0.23 | 1.0 |

**解：**先计算各种地震试验结果出现的概率，由全概公式有：

$$P(I_j)=\sum_{i=1}^{m}P(I_j/S_i)P(S_i)(j=1,2,\cdots,n)$$

$$\begin{aligned}P(I_1)&=P(S_1)P(I_1\mid S_1)+P(S_2)P(I_2\mid S_2)+P(S_3)P(I_3\mid S_3)+P(S_4)P(I_4\mid S_4)\\&=0.1\times0.58+0.15\times0.56+0.25\times0.46+0.5\times0.19\\&=0.352\end{aligned}$$

类似地有：

$$P(I_2)=0.259,P(I_3)=0.214,P(I_4)=0.175$$

由贝叶斯公式

$$P(S_i/I_j)=\frac{P(S_i)P(I_j/S_i)}{P(I_j)}(i=1,2,\cdots,m;j=1,2,\cdots,n)$$

可得到后验概率 $P(S_i\mid I_j)$ 的计算结果，如表5-14所示.

表5-14

| $P(S_i \mid I_j)$ | 构造好（$I_1$） | 构造较好（$I_2$） | 构造一般（$I_3$） | 构造差（$I_4$） |
|---|---|---|---|---|
| 50万桶（$S_1$） | 0.165 | 0.127 | 0.042 | 0 |
| 20万桶（$S_2$） | 0.240 | 0.110 | 0.088 | 0.107 |
| 5万桶（$S_3$） | 0.327 | 0.241 | 0.147 | 0.236 |
| 0万桶（$S_4$） | 0.270 | 0.521 | 0.728 | 0.657 |
| 合计 | 1.0 | 1.0 | 1.0 | 1.0 |

下面用后验概率进行分析，如果地震试验得到的结果为“构造很好”，各方案的期望收益为

$$E(A_1 \mid I_1) = 650000 \times 0.165 + 200000 \times 0.240 + (-25000) \times 0.327 + (-75000) \times 0.270$$
$$= 126825$$

$$E(A_2 \mid I_1) = 45000 \times 0.165 + 45000 \times 0.24 + 45000 \times 0.327 + 45000 \times 0.270$$
$$= 45000$$

$$E(A_3 \mid I_1) = 25000 \times 0.165 + 100000 \times 0.24$$
$$= 65250$$

显然应取方案$A_1$，即自行钻井.

类似地，如果地震试验得到的结果为“构造较好”，各方案的期望收益为

$$E(A_1 \mid I_2) = 650000 \times 0.127 + 200000 \times 0.110 + (-25000) \times 0.241 + (-75000) \times 0.521$$
$$= 59450$$

$$E(A_2 \mid I_2) = 45000$$

$$E(A_3 \mid I_2) = 42750$$

仍然是选取方案$A_1$，即自行钻井.

如果地震试验得到的结果为“构造一般”，各方案的期望收益为

$$E(A_1 \mid I_3)=650000\times 0.042+200000\times 0.088-25000\times 0.147-75000\times 0.728$$
$$=-13375$$

$$E(A_2 \mid I_3)=45000$$

$$E(A_3 \mid I_3)=19300$$

这时应选择方案$A_2$，即无条件出租.

如果地震试验得到的结果为“构造较差”，各方案的期望收益为

$$E(A_1|I_4)=-33775$$
$$E(A_2|I_4)=45000$$
$$E(A_3|I_4)=10700$$

这时应选择方案$A_2$，即无条件出租.

根据后验概率（即根据地震试验的结果）进行决策的期望收益为

$$E=E(A_1)P(I_1)+E(A_1)P(I_2)+E(A_2)P(I_3)+E(A_2)P(I_4)$$
$$=126825\times 0.352+59450\times 0.259+45000\times 0.214+45000\times 0.175$$
$$=77500$$

而不做地震试验时，各方案的期望收益为

$$E(A_1)=650000\times 0.1+200000\times 0.15+(-25000)\times 0.25+(-75000)\times 0.5$$
$$=51250\text{元}$$

$$E(A_2)=45000$$
$$E(A_3)=250000\times 0.1+100000\times 0.15$$
$$=40000$$

故不做试验时的最大期望收益为51250，虽然地震试验后预期可增加收益为77500−51250=26250元，大于地震试验费用12000元，因而进行地震试

验是合算的.

### 5.4.6 最大可能法

最大可能法是将风险型决策化为确定型决策的一种方法. 由于一个事件的概率越大，它发生的可能性就越大. 基于此，在风险型决策中选择一个概率最大的状态进行决策. 并把这种状态发生的概率看做1. 而其余状态发生的概率看做0，这样，认为系统只存在一种确定的自然状态，用确定型决策分析方法来进行决策.

**例5.4.6** 某农场基于天气预测下的作物种植的风险决策表（表5-15），试给出获利最大的决策.

表5-15

| 天气情况<br>利润<br>方案 | 天气干旱 | 天气正常 | 天气多雨 |
|---|---|---|---|
| | 0.2 | 0.7 | 0.1 |
| 种蔬菜 | 1000 | 4000 | 7000 |
| 种小麦 | 2000 | 5000 | 3000 |
| 种棉花 | 3000 | 6000 | 2000 |

**解：**由于状态“天气正常”的概率最大为0.7，按最大可能法只取状态“天气正常”下的利润值. 从而成为确定性决策，因而最优方案为“种棉花”. 最优值为6000.

注：最大可能法简单易行，在收益矩阵中元素的差别不大. 而各状态中某一状态的概率明显地大时，应用此法决策效果较好；如各状态概率都很接近，而损益值相差较大时，不宜采用此法.

最大收益期望准则是选择期望收益值最大的方案为最优方案.

①当状态变量$s$是离散型随机变量时，则

$$ER(a,s)=\sum_{r\in S}p(s)R(a,s)$$

决策准则：$\Phi:\max_{a\in A}\{ER(a,s)\}$.

决策集 $A=\{a_1,a_2,a_3\}$，状态集 $s=\{s_1,s_2,s_3\}$.

决策表模型如表5–16所示.

表5–16

| 方案 \ 收益值 \ 状态 | $s_1$ | $s_2$ | $s_3$ | 期望收益值 | 投资 | 利润 |
|---|---|---|---|---|---|---|
| | 0.3 | 0.5 | 0.2 | | | |
| $a_1$ | 20 | 14 | –12 | 10.6 | 10 | 0.6 |
| $a_2$ | 18 | 12 | 18 | 9.8 | 8 | 1.8 |
| $a_3$ | 16 | 16 | –6 | 8.6 | 5 | 3.6 |

故方案$a_3$，即小批量生产为最优方案.

②当状态变量$s$为连续随机变量且概率密度函数为$p(s)$时，则

$$ER(a,s)=\int_A R(a,s)p(s)\mathrm{d}s$$

决策准则$\Phi:\max_{s\in A}ER(a,s)$.

**例5.4.7**（报童问题） 卖报童每天去邮局订报. 出售一份报纸可获利$a$，若卖不出去返还邮局，每份报纸损失$b$. 根据以往经验可知. 每天需要$k$份报纸的概率为$p_k$. 问报童每天应订多少份报纸，才能使他获利的期望值最大?

**解**：设报童每天订购的份数为$n$. 顾客每天的需要量$x$是一随机变量，

$$p(x=k)=p_k$$

报童每天的利润$f(x)$为

$$f(x)=\begin{cases}an,当x\geq n\\ak-(n-x)b当x<n\end{cases}$$

报童获利的期望值

$$E\left[f(x)\right]=\sum_{n=0}f(x)p(x=k)$$
$$=\sum_{k=n}^{a=1}\left[ak-(n-k)b\right]p_k+\sum_{k=n}akp_k$$

决策问题是：确定订购数$n$，使$E[f(x)]$最大.

由于$x$的概率分布是离散数值. 为简便计算，设$x$~$u$[2000，4000]为均匀分布. $a$=3，$b$=1，则

$$x\sim p(x)=\begin{cases}\dfrac{1}{2000},2000\leq x\leq 4000\\ 0\qquad 其他\end{cases}$$

$$E\left[f(x)\right]=\int_{-\infty}^{+\infty}f(x)p(x)\mathrm{d}x=\frac{11}{2000}\left(\int_{2000}^{n}(4x-n)\mathrm{d}x+\int_{n}^{4000}3n\mathrm{d}x\right)$$
$$=\frac{1}{1000}\left[-n^2+7000n-4\times10^6\right]$$

$$\frac{\mathrm{d}E\left[f(x)\right]}{\mathrm{d}n}=0$$

得

$$n=3500$$

$$E\left[f(x)\right]=82.5$$

当损益函数为损失值时，决策准则应采用最小期望损失值法.

# 5.5　案例分析及WinQSB软件应用

WinQSB软件用于决策分析的子程序是“Decision Analysis”.

（1）启动子程序“Decision Analysis”. 点击“开始”→“程序”→“WinQSB”→“Decision Analysis”.

（2）点击“File”，选择“New Problem”，进入“Problem Specification”界面. 主菜单的内容是：Bayesian Analysis（贝叶斯分析）、Payoff Table Analysis（支付表分析）、Two-player，Zero-sum Game（二人零和博弈）和Decision Tree Analysis（决策树分析）. 计算机默认贝叶斯分析.

## 5.5.1　贝叶斯分析

WinQSB软件作贝叶斯分析只能计算后验概率，收益期望值需手工计算.

**例5.5.1**　某企业有三种方案对一台机器的换代问题进行决策：$A_1$为买一台新的机器；$A_2$为对老机器进行改建；$A_3$是维护老机器. 输入不同质量的原料，三种方案的收益如表5-17所示. 约有30%的原料是质量好的，还可以花600元对原料的质量进行测试，这种测试可靠性如表5-18所示. 求最优方案.

表5-17

| 原料质量$N_i$ | 购买新机器$A_1$ | 改建老机器$A_2$ | 维护老机器$A_3$ |
|---|---|---|---|
| $N_1$好（0.3） | 3 | 1.0 | 0.8 |
| $N_2$差（0.7） | -1.5 | 0.5 | 0.6 |

表5-18

| $P(Z_k \mid N_i)$ | | 原料的实际质量 | |
|---|---|---|---|
| | | $N_1$好 | $N_2$差 |
| 测试结果 | $N_1$好 | 0.8 | 0.3 |
| | $N_2$差 | 0.2 | 0.7 |

第一步：启动子程序“Decision Analysis”，点击“开始”→“程序”→“WinQSB”→“Decision Analysis”.

点击“File”，选择“New Problem”（建立新问题）. 选择Bayesian Analysis，输入标题、状态数2及试验指标数2.

第二步：输入数据. 第一行输入先验概率，第二、三行输入条件概率，对状态和试验指标重命名，如图5-6所示.

| Outcome \ State | State1 | State2 |
|---|---|---|
| Prior Probability | 0.3 | 0.7 |
| Indicator1 | 0.8 | 0.3 |
| Indicator2 | 0.2 | 0.7 |

图5-6

第三步：计算后验概率. 点击Solve the Problem得到图5-7所示的后验概率表.

| Indicator\State | State1 | State2 |
|---|---|---|
| Indicator1 | 0.5333 | 0.4667 |
| Indicator2 | 0.1091 | 0.8909 |

图5-7

在Results下，点击Show Marginal Probability显示边际概率，如图5–8所示.

| 04-16-2017 | Outcome or Indicator | Marginal Probability |
| --- | --- | --- |
| 1 | Indicator1 | 0.45 |
| 2 | Indicator2 | 0.55 |

图5–8

第四步：点击Show Joint Probability，显示联合概率，如图5–9所示.

| State\Indicator | Indicator1 | Indicator2 |
| --- | --- | --- |
| State1 | 0.24 | 0.06 |
| State2 | 0.21 | 0.49 |

图5–9

第五步：点击Show Decision Tree Gragh显示决策树图，如图5–10所示.

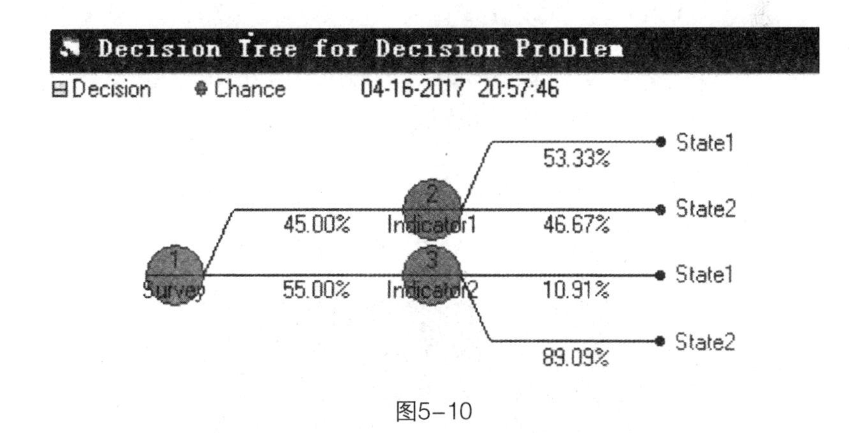


图5–10

## 5.5.2 马尔可夫过程

**例5.5.2** 已知某地区市场上销售A、B、C三个厂家的洗衣粉，依次为A牌，B牌和C牌．对该市场的调查表明：购买A牌产品的顾客下月仍有60%买A牌洗衣粉（状态1），但有20%的顾客转买B牌洗衣粉（状态2），20%的顾客转买C牌洗衣粉（状态3）；购买B牌产品的顾客下月仍有70%买B牌洗衣粉，但有10%的顾客转买A牌洗衣粉，20% 的顾客转买C牌洗衣粉；购买C牌产品的顾客下月仍有80%买C牌洗衣粉，但有10%的顾客转买A牌洗衣粉，10%的顾客转买B牌洗衣粉．已知上月共销售100万包洗衣粉，其中A牌洗衣液30万包，B牌洗衣粉40万包，C牌洗衣粉30万包．

①试求该问题的马尔可夫随机过程的一步转移概率矩阵和初始概率向量．

②若本月与下月市场顾客量不变，试预测本月和下月三种牌号洗衣粉的市场占有率各为多少？

③若本月与下月市场顾客量不变，试求本月起第六个月的三种牌号洗衣粉的最终市场占有率各为多少？

**解：**①该问题的马尔可夫随机的一步转移概率矩阵和初始概率分别为：

$$P=\begin{pmatrix}0.6 & 0.2 & 0.2\\ 0.1 & 0.7 & 0.2\\ 0.1 & 0.1 & 0.8\end{pmatrix}\quad u^{(0)}=\left(0.3,0.4,0.3\right)$$

第一步：点击“WinQSB”→“Markov Process”．点击“File”，选择“New Problem”，按提示依次输入标题和状态数，如图5-11所示．

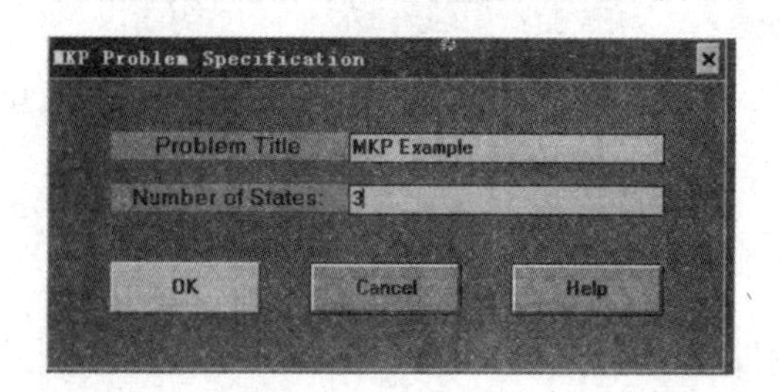


图5-11

第二步：点击“OK”，生成如图5-12所示结果输入一步转移概率矩阵$\boldsymbol{P}$和初始概率向量$u^{(0)}$，如图5-13所示.

| From \ To | State1 | State2 | State3 |
|---|---|---|---|
| State1 | | | |
| State2 | | | |
| State3 | | | |
| Initial Prob. | | | |
| State Cost | | | |

图5-12

| From \ To | State1 | State2 | State3 |
|---|---|---|---|
| State1 | 0.6 | 0.2 | 0.2 |
| State2 | 0.1 | 0.7 | 0.2 |
| State3 | 0.1 | 0.1 | 0.8 |
| Initial Prob. | 0.3 | 0.4 | 0.3 |
| State Cost | | | |

图5-13

②求解经过两个月后，三种牌号洗衣粉的市场占有率.

此时在子程序中点击“Solve and Analyze”后，下拉菜单有三个选项：

“Solve Steady State”：求固有概率向量即稳态概率向量；

“MarKov Process Step”：指定转移步数求概率向量；

“Time Parametric Analyse”：参数分析.

点击“MarKov Process Step”选项，生成如图5-14所示结果.

| State | Initial State Probability | Resulted State Probability |
|---|---|---|
| State1 | 0.300000 | |
| State2 | 0.400000 | |
| State3 | 0.300000 | |

图5-14

在上表中的期数“the number of time periods from initial”中输入2，点击

“OK”，结果如图5–15、图5–16所示.

| State | Initial State Probability | Resulted State Probability |
|---|---|---|
| State1 | 0.300000 | |
| State2 | 0.400000 | |
| State3 | 0.300000 | |

图5–15

| State | Initial State Probability | Resulted State Probability |
|---|---|---|
| State1 | 0.300000 | 0.225000 |
| State2 | 0.400000 | 0.347000 |
| State3 | 0.300000 | 0.428000 |

图5–16

显示的结果：$u^{(2)}$ =（0.225　0.347　0.428）表明经过两个月后，三种牌号洗衣粉的市场占有率分别为22.5%，34.7%和42.8%.

③求解三种牌号洗衣粉的最终市场占有率.

点击“Solve and Analyze”→“Solve Steady State”选项后，结果如图5–17所示.

| 03-12-2017 | State Name | State Probability | Recurrence Time |
|---|---|---|---|
| 1 | State1 | 0.2000 | 5 |
| 2 | State2 | 0.3000 | 3.3333 |
| 3 | State3 | 0.5000 | 2.0000 |
| | Expected | Cost/Return = | 0 |

图5–17

显示结果表明：稳态概率向量为$u^{(2)}$=（0.2　0.3　0.5），即三种牌号洗衣粉的最终市场占有率分别为20%、30%和50%.

# 第6章　博弈论

生活中冲突和竞争无处不在．许多冲突中存在对手关系，例如室内游戏、军事战争、政治竞选活动、广告宣传以及同类商业企业开展的市场营销活动等，其中多数情境的基本特征是最终结果主要取决于对手选择的策略组合．博弈论是一种数学理论，以一种正式、抽象的方式探讨上述竞争形势的一般特点，重点关注对手的决策过程．

## 6.1　博弈概述

### 6.1.1　什么是博弈论

某公司在面试新职员的时候有这样一道测试题．假设你开着一辆车，在一个暴风骤雨的晚上经过一个车站．车站上有几个候车的人，一个是疾病发作的老人，很是可怜；一个是医生，他曾经救过你的命；还有一个是你心仪已久，并渴望与之结识的美丽姑娘. 此时已经没有公交车了，这里也不可能有其他的车辆经过，而你的车只能捎带一个人上路. 那么你会如何选择呢?

人都有怜悯之心，救人一命胜造七级浮屠，如此你该带上老人上路；可是考虑到报恩，你应带捎上那个医生，因为毕竟他救过你；但是如果放弃那位姑娘，也许下次再也难遇到这样认识并博取她好感的绝佳机会. 怎么办? 最佳答案是：你把车钥匙留给那位医生，让他带着老人去医院，而你，则留下来，与美丽的姑娘享受一个浪漫而温馨的雨夜.

这就是博弈，一个运用你的智慧和理性思维，在纷繁复杂的事件中选择能够使你的利益最大化的科学.

当一个人（或团体）对自己行为的选择与执行不影响其他人（或团体）的利益时，怎样选择自己的行为，才能使自己获得最好的结果，这种问题属于最优化问题. 在博弈论的体系中，也可以把这种问题称为单人博弈. 但这不是博弈论研究的主要对象.

博弈论研究的主要问题是：在一定的条件和规则下，当事人各自选择自己的行为. 因为当事人不止一个，每个当事人对自己的行为的选择与执行，都会涉及其他当事人的切身利益，因此当事人的行为互相影响，互相依存，互相斗争. 当事人怎样选择自己的行为才是最明智的，才会给自己带来最大利益? 各方当事人的行为互相作用的方方面面和全部过程以及最终结果是什么? 能否找到一个每个当事人都能理智地接受的行动方案、执行这个行动方案、并取得各自的利益呢?

这种在确定的条件和规则下，当事人（一般不止一个）为了获得最大的利益. 理性地选择自己可能采取的行为，这些行为相互依存并有一定的争斗性质的问题称为博弈问题.

在博弈问题中，当事人称为博弈方，当事人博弈时应遵守的规则称为博弈规则；当事人选择行为的过程称为决策过程；当事人可能采取的行为称为策略，当事人可能得到的利益称为得益. 自然，这里的当事人也可能是一个集团，一个组织.

博弈论就是研究博弈问题的学问.

在博弈中，每个人的赢利不仅取决于自己如何“出招”，也取决于别人如何“出招”．这种研究互动决策行为的理论，通俗的理解就是，关于人与人斗争中的“老谋深算”的学问．博弈代表着一种全新的分析方法和全新的思想．它打破了传统的拼体力、比实力的智慧，更多地把眼光依赖于谋略，如同一个夜行的盲人，打着一盏灯笼，在习以为常的思维定势中，大多数人会嘲笑他，认为他是“瞎子点灯白费蜡”．可是有个失明的犹太人却是这么做的．有人不解，问他既然看不见，为何还要打着灯？他的回答是：我虽看不到，但我提着灯笼，别人就能看到我，也就不会撞到我了．

以下将具有博弈行为的模型称为博弈模型或博弈．

#### 6.1.1.1　局中人（Player）

一个博弈中有权决定自己行动方案的博弈参加者称为局中人，通常用$I$表示局中人的集合．如果有$n$个局中人，则$I=\{1,2,\cdots,n\}$．

一般要求一个博弈中至少要有两个局中人，局中人可以是具有自主决策行为的自然人，也可以是代表共同利益的集团，如球队、公司、国家等．

博弈中关于局中人的概念是具有广义性的．在博弈中总是假定每一个局中人都是“理智的”决策者或竞争者．这里的“理智”定义为每个局中人都以当前个人利益最大化作为行动目标．

#### 6.1.1.2　策略集（Strategies）

博弈中，可供局中人选择的一个实际可行的完整的行动方案称为一个策略．参加博弈的每一局中人$i$，$i\in I$，都有自己的策略集$S_i$，一般，每一局中人的策略集中至少应包括两个策略．

#### 6.1.1.3　赢得函数（支付函数）（Payoff Function）

一个博弈中，每一局中人所出策略形成的策略组称为一个局势，即若$s_i$是第$i$个局中人的一个策略，则$n$个局中人的策略形成的策略组$s=(s_1,s_2,\cdots,s_n)$就是一个局势．若记$S$为全部局势的集合，则当一个局势$s$出现后，应该为每个局中人$i$规定一个赢得值（或所失值）$H_i(s)$.

显然，$H_i(s)$是定义在$S$上的函数、称为局中人$i$的赢得函数.

#### 6.1.1.4 博弈问题分类

根据博弈方的个数，一个博弈可以分为“二人博弈”和“多人博弈”，由于各博弈方的策略互相作用、互相依存，博弈方越多问题就越复杂，分析起来就越困难.

如果一个博弈中的每个博弈方可以选用的策略的个数都是有限的，这种博弈叫“有限博弈”. 如果某些博弈方的策略集是无限集，这种博弈叫“无限博弈”. 有限博弈和无限博弈的分析方法差别很大. 例如二人或三人的有限博弈，博弈的可能结果是有限个，他的得益函数常可以用矩阵表示. 这种博弈又叫矩阵对策. 这种博弈的研究已经比较成熟. 无限博弈的可能结果一般有无限多个. 得益函数不可能用列表的方法给出，研究时必将利用更多的数学工具如集合、函数、微积分等.

在两人或多人博弈中，对于他们的每一个策略组合，每个博弈方都有各自的得益. 如果不管每一局（策略组合）的博弈结果怎么样，各博弈方的得益之总和（又称社会总得益）始终为0. 这样的博弈称为“零和博弈”. 否则称为“非零和博弈”.“零和博弈”中某些博弈方的赢就意味着其他博弈方的输，他们的竞争是对抗性的. 特别是二人零和博弈又叫“严格竞争博弈”.

单人博弈实质是个体的最优化问题. 对这样的博弈来讲，博弈方拥有的信息越多，即对决策环境条件了解越多，决策准确性就越高，得益也越好. 当博弈方数量达到两个以上后，信息越多得益越大的结论不一定成立.

两人博弈是两个各自独立决策，但策略和利益具有相互依存关系的博弈方的决策问题. 两人博弈是博弈问题中最常见，也是研究得最多的博弈类型.

“非零和博弈”的博弈方之间除了竞争的一面，往往也还有协调的一面. “囚徒困境”类型的博弈属于“非零和博弈”.

从博弈的全过程对博弈进行分类：在一个博弈中，所有的博弈方同时或可看作同时进行决策（决定出选择的策略）的博弈称为静态博弈. 如斗牌等.

各博弈方的决策和行动不仅有先有后，而且后者还可以知道前面各博弈方的选择和行动，这种博弈称为“动态博弈”或“多阶段博弈”. 如下棋、竞拍、讨价还价等等. 多阶段博弈必须把博弈的各个阶段进行完毕之后，才有整个博弈的结果.

同一个博弈反复进行多次构成的博弈称为“重复博弈”. 如体育项目的三局两胜制，七局四胜制的竞赛，供销双方的长期合作等等，都属于“重复博弈”。由博弈方对有关博弈的信息了解的情况对博弈进行分类：在一个博弈中，各博弈方完全了解所有博弈方在各种可能的局势（策略组合）下的得益，这种博弈称为“完全信息博弈”. 至少部分博弈方不完全了解各种局势下各个博弈方的得益的博弈称为“不完全信息博弈”. 竞标、竞拍、博弈各方的得益，相互之间不一定清楚，这必然要影响他们的决策行动和博弈结果.

在动态博弈中，各博弈方在采取新的策略和行为之前如果对前面的博弈进行的情况都完全了解，这种博弈称为“完美信息动态博弈”，否则称为“不完美信息动态博弈”. 许多体育赛事，如棋类、举重等属于“完美信息动态博弈”. 许多商业竞争，如占领市场的竞争，都属于“不完美信息动态博弈”. 这两种博弈性质不同，解法也就不同.

由博弈方的理性和能力方面的情况进行分类：在前面介绍博弈的基础知识时曾经假定，每个博弈方都是完全理性的，即是说博弈方追求的是自身个体利益的最大化，并且都具有正确的分析和决策能力，不会犯错误. 符合这种假定的博弈称为“完全理性博弈”. 做这种假定是为了简化博弈模型，便于求解. 实际上常常是有的博弈方在判断决策以及行为方面是有缺陷的，这种博弈称为“有限理性博弈”. 对这种博弈，一般是先按“完全理性博弈”进行分析，然后根据理性上的缺憾再进行处理.

在博弈中，部分博弈方订立协约组成联盟，联盟的每个成员的行为首先要服从全盟的利益，这使得博弈异常复杂，有这种情况的博弈称为“合作博弈”. 没有这种现象的博弈称为“非合作博弈”.

各种博弈类型之间都是存在交叉的，博弈类型之间也不存在严格的层次关系，分类的目的主要是理出系统，便于学习和研究.

博弈分类完全是人为的，带有很大的主观性．分类时依据的原则不同，分出的类别是大不相同的．

不同类型的博弈有不同的特征，因此解法也不同，相同类型的博弈也可以有多种不同的解法．

得益是博弈的动机，追求的目标，得到的结果．从分析得益函数的特性出发，寻找一种适合的解题思路，依照这种思路得出各个博弈方选择策略的方法，运用这种方法选择的策略构成的局势以及在这个局势下各博弈方的得益，各博弈方都可以接受或不得不接受．这就是博弈的最终结局，也就是博弈的解．

在解中，博弈方的得益（数字化以后）为正时是赢，得益为负时也是赢，这个赢意味着不至于输得更惨，或者意味着不得不接纳的必然结果．这时与得益相应的策略就是博弈方的最优策略．

## 6.1.2 囚徒困境——理性选择之骗

在斯大林时代的苏联，有一位乐队指挥坐火车前往下一个演出地点．正当他在火车上翻看当晚就要指挥演奏的作品的乐谱时，两名克格勃将他作为间谍逮捕了．无知的克格勃以为那乐谱是某种密码，这位乐队指挥争辩说那只是柴科夫斯基的小提琴协奏曲，却无济于事．在乐队指挥被投入牢房的第二天，审问者自鸣得意地走进来说："我看你最好还是老实招了吧，我们已经抓住你的朋友柴科夫斯基了，他这会儿正向我们交代呢．你如果再不招就枪毙了你．如果交代了，只判你10年．"

这个笑话，一方面讽刺了苏联克格勃，另一方面，他运用了——虽然他们未必知道这是博弈论，但是他们明显企图运用其中的布局，使乐队指挥被迫选择招供，即囚徒困境．

这个理论来源于1950年，斯坦福大学数学家教授Tucker，给一些心理学家解释他正在研究的完全信息静态博弈问题．为了更形象地说明博弈过程，他用两个犯罪嫌疑人的故事构造了一个博弈模型，即囚徒困境模型．两个嫌疑犯作案后被警察抓住，警方苦于没有足够的证据指控二人有罪，于是采取隔离审讯.

在这种情形下，两个囚犯都可以做出自己的选择：或者供出同伙，或者保持沉默，拒不交代. 这两个囚犯都知道，如果他们俩能够保持沉默的话，警方就无法给他们定罪而轻判甚至无罪释放. 于是保持沉默就成了两个囚犯最好的选择.

不过，聪明的警方深谙此道理，他们采取了一种“坦白从宽、抗拒从严”的政策：如果两人都坦白，则各判8年；如果都不坦白，则会因证据不足各判1年. 但是，如果一人坦白，另一人不坦白，则坦白的人放出去，不坦白的人要被判10年的刑罚.

事情渐渐变得复杂了. 两名囚徒由于隔绝监禁，不能知道对方的选择将会如何，不过即使知道，能互通有无，也未必能尽信对方不会反口. 那么，囚徒们到底该怎么抉择，才能将自己的个人刑期缩至最短呢？

就个人理性选择而言，检举背叛对方所获得的刑期，总比沉默来得低. 于是，最理性的博弈策略，就是选择供认.

行业的价格竞争也是典型的囚徒困境现象. 每家企业都以对方为敌手，只关心自己的利益，即便大家签订协议，共同拟定价格，在价格博弈中，只要以对方为敌手，那么不管对方的决策怎样，自己总以为采取低价策略会占到便宜，这就会导致合作的破裂，从而促使大家都采取低价策略.

### 6.1.3　博弈最理想的结局

博弈的三种分类中，正和博弈是最理想的结局.

正和博弈就是参与各方本若相互合作，公平公正、互惠互利的原则来分配利益，让每一个参与者都获得满意的结果. 合作共赢的模式在古代战争期间经常被小国家采用，当它们自己无力抵抗强国时，便联合其他与自己处境相似的国家，结成联盟. 其中最典型的例子莫过于春秋战国时期的“合纵”策略.

春秋战国时期，各国之间连年征战，为了抵抗强大的秦国，苏秦凭借自己的寸不烂之舌游说六国结盟，采取“合纵”策略．一荣俱荣，一损俱损．正是这个结盟使得强大的秦国不敢轻易出兵，换来了几十年的和平．

从古代回到现代，中国与美国是世界上两个大国，我们从两国的经济结构和两国之间的贸易关系来谈一下竞争与合作．中国经济近些年一直保持着高速增长．但是同美国相比，中国的产业结构调整还有很长的路要走．美国经济中，第三产业的贡献达到GDP总量的75.3%，而中国只有40%多一点．进出口方面，中国经济对进出口贸易的依赖比较大，进出口贸易额已经占到GDP总量的66%．美国随着第三产业占经济总量的比重越来越大，进出口贸易对经济增长的影响逐渐减弱．美国是中国的第二大贸易伙伴，仅次于日本．由于中国现在的很多加工制造业都是劳动密集型产业，所以生产出的产品物美价廉，深受美国人民喜欢．这也是中国对美国贸易顺差不断增加的原因．

中国对进出口贸易过于依赖的缺点是主动权不掌握在自己手中．2008年掀起的全球金融风暴中，中国沿海的制造业便受到重创，很多以出口为主的加工制造企业纷纷倒闭．同时对美国贸易顺差不断增加并不一定是件好事，顺差越多，美国就会制定越多的贸易壁垒，以保护本国的产业．

由此可见，中国首先应该改善本国的产业结构，加大第三产业占经济总量的比重，减少对进出口贸易的依赖，将主动权掌握在自己的手中．同时，根据全球经济一体化的必然趋势，清除贸易壁垒，互惠互利，不能只追求一时的高顺差，要注意可持续发展．也就是竞争的同时不要忘了合作，双赢是当今世界的共同追求．

### 6.1.4 博弈论的应用和意义

追溯博弈论诞生的年代，1912年策墨洛（E zermelo）的著作《关于集合论在象棋博弈论中的应用》可以代表对博弈理论研究的开端．不过博弈论的发展壮大却是在第二次世界大战以后的事．特别是近二、三十年以来，博弈论得到了飞速发展．在这一时期许多研究博弈论的学者得到了许多美妙而深刻的结果．其中，1994 年纳什（John Nssh）、海萨尼（J Harsanyi）、泽尔腾（R.Seten）由于他们对非合作博弈理论的产生和发展做出的巨大贡献，共同荣获诺贝尔经济学奖．1996 年获得诺贝尔经济学奖的博弈论和信息经济学家莫里斯（James A.Mirlees）和维克瑞（WlliamnVickrey）在不对称信息条件下激励机制问题方面的研究成绩卓著．在这一时期博弈论理论体系的逐渐形成，标志着博弈论日趋成熟．这一时期的博弈论研究者的辛勤劳动把博弈论在经济学中的地位推向顶峰．

发展和应用是相辅相成的．当今，不管是在理论上还是在应用上，博弈论都受到人们越来越多的重视．

在学术界，博弈论被看作重要的经济理论，被称作经济学的核心分析方法．博弈论的理论成果和思想方法对经济学的各个分支产生了巨大影响．博弈论又是运筹学的重要分支，博弈论在数学特别是在应用数学领域有着十分重要的地位．博弈思想，博弈术语在经济的、数学的专业文献上大量涌现，使不懂博弈论的经济工作者感到捉襟见肘，使不懂博弈论的数学工作者也深感遗憾．为此在高等院校的相关专业现在都设立了博弈论的课程．

随着全球经济一体化的进程的发展，经济活动的规模越来越大，对抗、竞争、协调、合作日趋频繁而强烈，博弈论也就有了更大的用场．西方国家许多大公司都请博弈论专家担任顾问和参谋，为公司的经营决策出谋划策．政府的决策机构和管理部门更不乏博弈论专家作他们的智囊团的核心成员．

我国是发展中国家．近几十年来，我国在经济上的腾飞，科技上的进步，使我国成了“地球村”里的重要成员．在国际事务中我国怎样更好地发挥作用，这将是博弈论工作者关注的热点．在国内建立“社会主义市场经济”，怎样才能保证我国经济良序地，持续地、稳定地、科学地、快速地蓬勃发展，这就为博弈论提供了一个广阔的用武之地．因为在这个过程中，国内外方方面面的利益既有冲突也有协作．

人们的日常生活和社会活动中也常有博弈的踪迹．比赛、竞技、周旋，抉择时有发生．学习博弈知识会使我们的思想更开阔，选择更理性，会使我们活动的效率更高，成功的机会更多．

博弈论是一种正确选择策略的理论和方法．他源于通过策略进行斗争和协作的各种事物，也就适用于研究这种事物．因此，它在国内、国外、军事、政治、法律、法规、内政、外交、经济、科技、体育、环保、医疗、卫生以及人际关系、日常生活等等诸多方面都有广阔的应用前景．

博弈论能帮助我们解决什么问题？如果你是一名学子，想要有好的学习成绩，该怎样保持同学之间的关系呢？应该是既要互帮互助，又要有竞争意识：如果你是一名上班族，想要有一个好的待遇，那你应该如何保持同同事和老板之间的关系呢？这都是我们每天要面对的博弈，有时候是同别人，有时候是同自己，既有利益上的，也有思想上的．博弈论的关键在于最优决策的选择，这种选择时时刻刻存在着：上大学选择哪个专业，毕业后选择哪家企业，如何选择合适的爱人，等等．博弈论对我们的日常生活中的第一个影响便是教会你如何选择．

“一荣俱荣，一损俱损”，是《红楼梦》中对四大家族的评语，四大家族有各自的利益，也有共同的利益．帮助别人的时候看似是在动用自己的人际关系和钱财，但是他们明白这是一种投资．是一种相互利用的关系，因为自己也会有用到别人的那一天．如果其中一家高高挂起，不与其他三家往来，表面上看省去了许多开支，但从总体利益和长远利益来看，是把自己的发展之路变窄了．失去的将比省下的多得多．

这便是博弈论在生活中给我们的第二个启示合作才能双赢．

公元前203年，楚军和汉军在广武对峙，当时已经是楚汉相争的第三个年头了，项羽粮草储备已经不多，所以他希望这场战争能够速战速决，不希望变成持久战．拉锯战．一天，项羽冲着刘邦军中喊话：“天下匈匈数岁者，徒以吾两人耳．愿与汉王挑战，决雌雄，毋徒苦天下之民父子为也．”意思是：天下百姓这些年来饱受战乱之苦，原因就是我们两人相争，我希望能与你决斗，一比高下，不要让天下百姓再跟着受苦了．刘邦是这样回应的，他说：“吾宁斗智，不能斗力！”意思是：我跟你比的是策略，不是力气．这里我们要表达对项羽心系天下百姓的敬意，但是刘邦的想法更符合博弈论的策略．我们生活里的冲突和对抗中，有一个好的策略远比有一个好的身体起作用．也就是说，“斗智”要比“斗明”管用．

这便是博弈论在生活中给我们的第三个启示：善用策略．

# 6.2 矩阵博弈的解

矩阵博弈是博弈模型中最简单的一种，其理论和方法比较成熟，是研究其他博弈模型的基础.

## 6.2.1 纯策略解

设两个局中人为Ⅰ和Ⅱ. 局中人Ⅰ的策略集为$S_1=\{\alpha_1,\alpha_2,\cdots,\alpha_m\}$，局中人Ⅱ的策略集为$S_2=\{\beta_1,\beta_2,\cdots,\beta_n\}$. 对于局势$(\alpha_i,\beta_j)$ $(i=1,2,\cdots,m;j=1,2,\cdots,n)$，Ⅰ的赢得（或Ⅱ的支付）值为$\alpha_{ij}$，赢得矩阵记为$\boldsymbol{A}=(\alpha_{ij})_{m\times n}$，即

$$\boldsymbol{A}=\begin{bmatrix} a_{11} & a_{12} & \cdots & a_{1n} \\ a_{21} & a_{22} & \cdots & a_{2n} \\ \cdots & \cdots & \cdots & \cdots \\ a_{m1} & a_{m2} & \cdots & a_{mn} \end{bmatrix},$$

该博弈记为$\boldsymbol{G}=(\boldsymbol{S}_1,\boldsymbol{S}_2,\boldsymbol{A})$.

**定理6.2.1** 矩阵博弈$\boldsymbol{G}=(\boldsymbol{S}_1,\boldsymbol{S}_2,\boldsymbol{A})$有纯策略解的充要条件是存在局势$(\alpha_{i^*},\beta_{j^*})$，使对一切$i=1,2,\cdots,m$，$j=1,2,\cdots,n$，有$\alpha_{ij^*}\le\alpha_{i^*j^*}\le\alpha_{i^*j}$.

**证明：**（1）充分性.

由于对于一切$i=1,2,\cdots,m$，$j=1,2,\cdots,n$，均有$\alpha_{ij^*}\le\alpha_{i^*j^*}\le\alpha_{i^*j}$成立，故

$$\max_i\left(\alpha_{ij^*}\right) \le \alpha_{i^*j^*} \le \min_j\left(\alpha_{i^*j}\right)$$

又因

$$\min_j\left[\max_i\left(\alpha_{ij^*}\right)\right] \le \max_i\left(\alpha_{ij^*}\right), \quad \min_j\left(\alpha_{i^*j}\right) \le \max_i\left[\min_j\left(\alpha_{i^*j}\right)\right]$$

所以有

$$\min_j\left[\max_i\left(\alpha_{ij^*}\right)\right] \le \alpha_{i^*j^*} \le \max_i\left[\min_j\left(\alpha_{ij}\right)\right]$$

此外，由于对于一切 $i=1,2,\cdots,m$ ， $j=1,2,\cdots,n$ 均有

$$\min_j\left(\alpha_{ij}\right) \le \alpha_{ij} \le \max_i\left(\alpha_{ij}\right) \tag{6-2-1}$$

所以有

$$\max_i\left[\min_j\left(\alpha_{ij}\right)\right] \le \min_j\left[\max_i\left(\alpha_{ij}\right)\right] \tag{6-2-2}$$

由式（6–2–1）和式（6–2–2）有

$$\max_i\left[\min_j\left(\alpha_{ij}\right)\right] = \min_j\left[\max_i\left(\alpha_{ij}\right)\right] = \alpha_{i^*j^*}$$

（2）必要性.

设存在 $i^*$ 和 $j^*$ 使 $\min_j\left(\alpha_{i^*j}\right) = \max_i\left[\min_j\left(\alpha_{ij}\right)\right]$，$\max_i\left(\alpha_{ij^*}\right) = \min_j\left[\max_i\left(\alpha_{ij}\right)\right]$，则由 $\max_i\left[\min_j\left(\alpha_{ij}\right)\right] = \min_j\left[\max_i\left(\alpha_{ij}\right)\right]$ 有

$$\max_i\left(\alpha_{ij^*}\right) = \min_j\left(\alpha_{i^*j}\right) \le \alpha_{i^*j^*} \le \max_i\left(\alpha_{ij^*}\right) = \min_j\left(\alpha_{i^*j}\right)$$

所以，对于一切 $i=1,2,\cdots,m$ ， $j=1,2,\cdots,n$ 均有

$$\alpha_{ij^*} \le \max_i\left(\alpha_{ij^*}\right) \le \alpha_{i^*j^*} \le \min_j\left(\alpha_{i^*j}\right) \le \alpha_{i^*j}$$

利用该定理可以对纯策略解的“最优”性做出解释，假如局中人Ⅰ选取了最优纯策略$\alpha_{i^*}$，局中人Ⅱ不是选取最优纯策略风$\beta_{j^*}$，而是选择了另一策略$\beta_j$，那么局势对应的值为$\left(\alpha_{i^*},\beta_j\right)$，由$\alpha_{ij^*} \le \alpha_{i^*j^*} \le \alpha_{i^*j}$知，这意味着局中人Ⅱ的支付增加了. 同理，局中人Ⅱ选取最优纯策略，而局中人Ⅰ不选择最优纯策略，他的收益就会减少，换句话说，给定一方坚持最优策略，在利益的驱使下，另一方没有积极性偏离他的最优策略，双方的竞争在局势$\left(\alpha_{i^*},\beta_{j^*}\right)$处达到了一个平衡状态.

一个博弈模型的纯策略解可能不唯一，当有多个解时，解之间有下述关系.

若和是博弈$\boldsymbol{G}$的两个纯策略解，则有

（1）无差别性：$\alpha_{i_1j_1} = \alpha_{i_2j_2}$.

（2）可交换性：$\left(\alpha_{i_1},\beta_{j_2}\right)$，$\left(\alpha_{i_2},\beta_{j_1}\right)$也是$\boldsymbol{G}$的纯策略解.

为了便于对更广泛的对策情形进行分析，现引入关于二元函数鞍点的概念.

**定义6.2.1**　设$f(x,y)$为定义在$x\in A$及$y\in B$上的实函数，若存在$x^*\in A$，$y^*\in B$，使得一切$x\in A$和$y\in B$满足：

$$f\left(x,y^*\right) \le f\left(x^*,y^*\right) \le f\left(x^*,y\right) \tag{6-2-3}$$

则称$\left(x^*,y^*\right)$为函数$f(x,y)$的一个鞍点.

## 6.2.2　混合策略解

由前面的讨论可知，对于矩阵对策$\boldsymbol{G}=\left(\boldsymbol{S}_1,\boldsymbol{S}_2,\boldsymbol{A}\right)$来说，局中人Ⅰ有把握的最少赢得为$v_1=\max_i\left[\min_j\left(\alpha_{ij}\right)\right]$，局中人Ⅱ有把握的最多损失为

$v_2=\min_j\left[\max_i(\alpha_{ij})\right]$，当$v_1=v_2$时，矩阵对策$\boldsymbol{G}=(\boldsymbol{S}_1,\boldsymbol{S}_2,\boldsymbol{A})$存在策略意义上的解．然而，并非总有$v_1=v_2$，实际问题中出现的更多的情形是$v_1<v_2$，此时矩阵对策不存在策略意义上的解．

**例6.2.1** 矩阵对策$\boldsymbol{G}=(\boldsymbol{S}_1,\boldsymbol{S}_2,\boldsymbol{A})$，其中，赢得矩阵为

$$\boldsymbol{A}=\begin{bmatrix}-4 & 4 & -6\\ 4 & 3 & 5\\ 8 & -1 & -10\\ -3 & 0 & 6\end{bmatrix}$$

$$v_1=\max_i\left[\min_j(\alpha_{ij})\right]=3, \quad i^*=2$$

$$v_2=\min_j\left[\max_i(\alpha_{ij})\right]=4, \quad j^*=2$$

由于$v_2=4>v_1=3$，于是当双方根据从最不利的情形中选择最有利的结果的原则选择策略时，应分别选择策略$\alpha_2$和$\beta_2$，此时局中人Ⅰ的赢得为3（即Ⅱ的损失为3），Ⅱ的损失比预期的4少．出现此情形的原因就在于局中人Ⅰ选择了策略$\alpha_2$，使其对手减少了本该付出的损失．故对于策略$\beta_2$来讲，$\alpha_2$并不是局中人Ⅰ的最优策略．局中人Ⅰ会考虑选取策略$\alpha_1$，以使局中人Ⅱ付出本该付出的损失；Ⅱ也会将自己的策略从$\beta_2$改变为$\beta_3$，以使自己的赢得为6；Ⅰ又会随之将自己的策略从$\alpha_1$改变为$\alpha_4$，来对付Ⅱ的$\beta_3$．如此这般，对于两个局中人来说，根本不存在一个双方均可以接受的平衡局势；或者说当$v_1<v_2$时，矩阵对策$\boldsymbol{G}$不存在策略意义上的解．

在这种情形下，一个比较自然且合乎实际的想法是，既然不存在策略意义上的最优策略，那么是否可以利用最大期望赢得，规划一个选取不同策略的概率分布呢？由于这种策略是局中人策略集上的一个概率分布，故称为混合策略．

**定义6.2.2** 设矩阵对策$\boldsymbol{G}=(\boldsymbol{S}_1,\boldsymbol{S}_2,\boldsymbol{A})$，其中双方的策略集和赢得矩阵分别为$\boldsymbol{S}_1=\{\alpha_1,\alpha_2,\cdots,\alpha_m\}$，$\boldsymbol{S}_2=\{\beta_1,\beta_2,\cdots,\beta_n\}$，$\boldsymbol{A}=(\alpha_{ij})_{m\times n}$．令

$$X=\left\{x\in E^m \middle| x_i\geq 0,i=1,2,\cdots,m;\sum_{i=1}^m x_i=1\right\}$$

$$Y=\left\{y\in E^n \middle| y_j\geq 0,j=1,2,\cdots,n;\sum_{j=1}^n y_j=1\right\}$$

则 $X$ 和 $Y$ 分别称为局中人Ⅰ、Ⅱ的混合策略集；$x\in X$，$y\in Y$，分别称为局中人Ⅰ、Ⅱ的混合策略；而 $(x,y)$ 称为一个混合局势；局中人Ⅰ的赢得函数记为

$$E(x,y)=x^{\mathrm{T}}\mathbf{A}y=\sum_{i=1}^m\sum_{j=1}^n a_{ij}x_i y_j$$

这样得到一个新的对策，记为 $\boldsymbol{G}'=(\boldsymbol{X},\boldsymbol{Y},\boldsymbol{E})$，对策 $\boldsymbol{G}'$ 称为对策 $\boldsymbol{G}$ 的混合拓展.

**定义6.2.3** 设 $\boldsymbol{G}'=(\boldsymbol{X},\boldsymbol{Y},\boldsymbol{E})$ 为矩阵对策 $\boldsymbol{G}=(\boldsymbol{S}_1,\boldsymbol{S}_2,\boldsymbol{A})$ 的混合拓展，如果存在

$$V_G=\max_{x\in X}\min_{y\in Y}E(x,y)=\min_{y\in Y}\max_{x\in X}E(x,y)$$

则使上式成立的混合局势 $(x^*,y^*)$ 称为矩阵对策 $\mathbf{G}$ 在混合意义上的解，$x^*$ 和 $y^*$ 分别称为局中人Ⅰ和Ⅱ的最优混合策略，$V_G$ 为矩阵对策 $\boldsymbol{G}=(\boldsymbol{S}_1,\boldsymbol{S}_2,\boldsymbol{A})$ 或 $\boldsymbol{G}'=(\boldsymbol{X},\boldsymbol{Y},\boldsymbol{E})$ 的值.

为方便起见，我们无须对矩阵对策 $\boldsymbol{G}=(\boldsymbol{S}_1,\boldsymbol{S}_2,\boldsymbol{A})$ 及其混合拓展 $\boldsymbol{G}'=(\boldsymbol{X},\boldsymbol{Y},\boldsymbol{E})$ 加以区别，均可以 $\boldsymbol{G}=(\boldsymbol{S}_1,\boldsymbol{S}_2,\boldsymbol{A})$ 用来表示. 当矩阵对策 $\boldsymbol{G}=(\boldsymbol{S}_1,\boldsymbol{S}_2,\boldsymbol{A})$ 在策略意义上无解时，自动转向讨论混合策略意义上的解.

**定理6.2.2** 局势 $(x^*,y^*)$ 是矩阵对策 $\boldsymbol{G}=(\boldsymbol{S}_1,\boldsymbol{S}_2,\boldsymbol{A})$ 在混合策略意义上解的充分必要条件是对于一切 $x\in X$，$y\in Y$，均存在

$$E(x,y^*)\leq E(x^*,y^*)\leq E(x^*,y)$$

**定理6.2.3** 设 $x^*\in X$，$y^*\in Y$，则 $(x^*,y^*)$ 是矩阵对策 $\boldsymbol{G}=(\boldsymbol{S}_1,\boldsymbol{S}_2,\boldsymbol{A})$ 的

解的充分必要条件是对于任意$i$（$i=1,2,\cdots,m$）和$j$（$j=1,2,\cdots,n$）均存在

$$E(i,y^*)\le E(x^*,y^*)\le E(x^*,j)$$

**证明：** 设$(x^*,y^*)$是矩阵对策$\boldsymbol{G}=(\boldsymbol{S}_1,\boldsymbol{S}_2,\boldsymbol{A})$的解，则由定理6.2.2可知$E(x,y^*)\le E(x^*,y^*)\le E(x^*,y)$．由于策略是混合策略的特例，故$E(i,y^*)\le E(x^*,y^*)\le E(x^*,j)$；反之，设$E(i,y^*)\le E(x^*,y^*)\le E(x^*,j)$，由

$$E(x,y^*)=\sum_{i=1}^{m}E(i,y^*)x_i\le E(x^*,y^*)\sum_{i=1}^{m}x_i=E(x^*,y^*)$$

$$E(x^*,y)=\sum_{j=1}^{n}E(x^*,j)y_j\ge E(x^*,y^*)\sum_{j=1}^{n}y_j=E(x^*,y^*)$$

即得$E(x,y^*)\le E(x^*,y^*)\le E(x^*,y)$.

定理6.2.3的意义在于，在检验是否为对策**G**的解时，$E(i,y^*)\le E(x^*,y^*)\le E(x^*,j)$把需要对无限个不等式进行验证的问题转化为只需对有限个不等式进行验证的问题，从而研究更加简化.

不难证明，定理6.2.3可表达为如下定理6.2.4的等价形式，而这一形式在求解矩阵对策时是特别有用的.

**定理6.2.4** 设$x^*\in X$，$y^*\in Y$，则$(x^*,y^*)$是矩阵对策$\boldsymbol{G}=(\boldsymbol{S}_1,\boldsymbol{S}_2,\boldsymbol{A})$的解的充分必要条件是存在数$v$，使得$x^*$和$y^*$分别是不等式组

$$\begin{cases}\sum_{i=1}^{m}a_{ij}x_i\ge v,j=1,2,\cdots,n\\ \sum_{i=1}^{m}x_i=1\\ x_i\ge 0,i=1,2,\cdots,m\end{cases} \quad 和 \begin{cases}\sum_{j=1}^{n}a_{ij}y_j\le v,i=1,2,\cdots,m\\ \sum_{j=1}^{n}y_j=1\\ y_j\ge 0,j=1,2,\cdots,n\end{cases}$$

的解，且$v=V_G$.

# 6.3　矩阵博弈的线性规划解法

现在我们讨论用线性规划方法求矩阵博弈的混合策略解.

**定理6.3.1**　设有两个矩阵博弈 $\boldsymbol{G}_1=(\boldsymbol{S}_1,\boldsymbol{S}_2,\boldsymbol{A})$ 和 $\boldsymbol{G}_2=(\boldsymbol{S}_1,\boldsymbol{S}_2,\boldsymbol{B})$，其中 $\boldsymbol{A}=(a_{ij})_{m\times n}$，$\boldsymbol{B}=(b_{ij})_{m\times n}$. 若 $b_{ij}=a_{ij}+C\ (i=1,2,\cdots,m;j=1,2,\cdots,n)$，这里 $C$ 为任一常数，则 $\boldsymbol{G}_1$ 和 $\boldsymbol{G}_2$ 有相同的混合策略解，且 $V_{G_2}=V_{G_1}+C$.

证明：由

$$
\begin{aligned}
E_2(x,y)&=\sum_{i=1}^{m}\sum_{j=1}^{n}b_{ij}x_iy_i=\sum_{i=1}^{m}\sum_{j=1}^{n}(a_{ij}+C)x_iy_i\\
&=\sum_{i=1}^{m}\sum_{j=1}^{n}a_{ij}x_iy_i+C\sum_{i=1}^{m}\sum_{j=1}^{n}a_{ij}x_iy_i\\
&=E_1(x,y)+C
\end{aligned}
$$

知

$$
\max_{x\in X^*}\min_{y\in Y^*}E_2(x,y)=\max_{x\in X^*}\min_{y\in Y^*}E_1(x,y)+C
$$

故 $\boldsymbol{G}_1$ 和 $\boldsymbol{G}_2$ 有相同的解，且 $V_{G_2}=V_{G_1}+C$.

给定一个矩阵博弈 $\boldsymbol{G}=(\boldsymbol{S}_1,\boldsymbol{S}_2,\boldsymbol{A})$，可以直接求解线性规划问题（LP）或（DP），也可以转化为另一对线性规划问题.

不妨假设 $a_{ij}>0\ (i=1,2,\cdots,m;j=1,2,\cdots,n)$，否则给矩阵 $\boldsymbol{A}=(a_{ij})_{m\times n}$ 的每一个元素加上常数 $C$，使 $a_{ij}+C>0$，得到矩阵 $\boldsymbol{B}=(a_{ij}+C)_{m\times n}$，由定理6.3.1，这不影响 $\boldsymbol{G}$ 的解. 作线性规划

$$
(\mathrm{LP}')\quad \min\sum_{i=1}^{m}x_i
$$

$$
\text{s.t.}\ \begin{cases}\displaystyle\sum_{i=1}^{m}a_{ij}x_i\ge 1, j=1,2,\cdots,n\\ x_i\ge 0, i=1,2,\cdots,m\end{cases}
$$

$$(\mathrm{DP}')\quad \max\sum_{j=1}^{n}y_j$$

$$\text{s.t.}\begin{cases}\sum_{j=1}^{n}a_{ij}y_j\le 1, i=1,2,\cdots,m\\ y_j\ge 0, j=1,2,\cdots,n\end{cases}$$

可以证明，线性规划（LP′）和（DP′）有最优解，设为 $\boldsymbol{X}'=\left(x_1',x_2',\cdots,x_m'\right)$ 和 $\boldsymbol{Y}'=\left(y_1',y_2',\cdots,y_n'\right)$，并且

$$\sum_{i=1}^{m}x_i'=\sum_{j=1}^{n}y_j'=\frac{1}{u}$$

令

$$\boldsymbol{x}^*=u\boldsymbol{X}'=\left(ux_1',ux_2',\cdots,ux_m'\right)$$

$$\boldsymbol{y}^*=u\boldsymbol{Y}'=\left(uy_1',uy_2',\cdots,uy_n'\right)$$

则 $\boldsymbol{x}^*$ 和 $\boldsymbol{y}^*$ 是矩阵博弈 $\boldsymbol{G}$ 的混合策略解，$u$ 是 $\boldsymbol{G}$ 的值.

事实上，容易看出，（LP′）和（DP′）都有可行解且互为对偶规划，于是都有最优解且最优值相等．由于 $a_{ij}>0\ \left(i=1,2,\cdots,m;j=1,2,\cdots,n\right)$，所以 $\sum_{i=1}^{m}x_i'=\sum_{j=1}^{n}y_j'>0$，将 $\boldsymbol{x}^*$ 代入（LP）的约束条件，得

$$\begin{cases}\sum_{i=1}^{m}a_{ij}\left(ux_i'\right)=u\sum_{i=1}^{m}a_{ij}x_i'\ge u\cdot 1=u, j=1,2,\cdots,n\\ \sum_{i=1}^{m}\left(ux_i'\right)=u\sum_{i=1}^{m}x_i'=1\\ ux_i\ge 0, i=1,2,\cdots,m\end{cases}$$

即 $\boldsymbol{x}^*$ 是（LP）的可行解，同理可证 $\boldsymbol{y}^*$ 是（DP）的可行解，对应的目标值都等于 $u$．故 $\boldsymbol{x}^*$、$\boldsymbol{y}^*$ 是（LP）与（DP）的最优解，所以 $\boldsymbol{x}^*$ 和 $\boldsymbol{y}^*$ 是 $\boldsymbol{G}$ 的混合策略解.

# 6.4　多人非零和博弈

在许多现实对策问题中，一个局中人的赢得并不要求一定就是另一个局中人的损失，我们将这种局中人Ⅰ的赢得不等于局中人Ⅱ的损失的对策称为非零和对策．首先让我们看一个传统非零和对策的案例，犯罪分子Ⅰ和Ⅱ被捕入狱，在接下来的审讯过程中，Ⅰ、Ⅱ面临着招供还是拒供的对策问题．按警方所掌握的证据和现行法律，可以推知表6–1所反映的信息．

表6–1

| Ⅱ \ Ⅰ | 拒供 | 招供 |
| --- | --- | --- |
| 拒供 | 各1年 | Ⅰ10年、Ⅱ0.25年 |
| 招供 | Ⅰ0.25年、Ⅱ10年 | 各8年 |

寻找局中人Ⅰ、Ⅱ的均衡策略是分析非零和对策的起点，这样的分析需要将表6–1转换为表6–2（标准的赢得矩阵），很容易看出，对于犯罪分子Ⅱ来讲，拒供是绝对不可取的；因为无论Ⅰ是否招供，Ⅱ拒供都会招致更重的惩罚．同理，Ⅰ也一定采取招供的策略．

表6–2

| Ⅱ \ Ⅰ | 拒供 | 招供 |
| --- | --- | --- |
| 拒供 | –1，–1 | –10，–0.25 |
| 招供 | –0.25，–10 | –8，–8 |

所以，当局中人Ⅰ、Ⅱ均做出理性的选择时，均衡策略应是招供，每人得到8年监禁的惩罚．然而，这里存在一个反论，如果犯罪分子Ⅰ和Ⅱ均采取不理性的选择，那么他们将从不理性中受益（每人只得到1年监禁

的惩罚).

在非零和对策中，局中人是否合作对均衡策略有着至关重要的影响. 上例中如果Ⅰ、Ⅱ不合作，均衡策略是(招供，招供)；如果Ⅰ、Ⅱ合作，均衡策略是(拒供，拒供). 相类似的对策情形也时常出现在经济问题中. 例如，两家小公司各自控制着自己独立的目标市场，只要他们互不侵犯，各自均能获得比较满意的利润. 但是，如果一家公司入侵对方的领地，而对方没有采取扩张的策略，那么入侵的公司将增加利润，而没有扩张的公司将被吃掉. 如果两家公司同时采取扩张的策略，那么两家公司虽然都可以保全，但利润均有所下降. 如果这两家公司没有合作，理性的选择就只有扩张了；很显然，如果这两家公司进行合作，最佳的选择自然应该是各自保持自己的领地.

## 6.4.1 纳什均衡(NASH EQUILIBRIUM)

所谓绝对均衡，是指每一个局中人无须考虑对方采取什么策略自身自然存在着一个最优策略. 并非所有的对策都存在绝对均衡，下面的例子描述的就是一个没有绝对均衡的对策. 一对夫妇，迷恋戏曲表演的太太称为Buff，而热衷于篮球比赛的先生称为Fan，一般情况下都可以对如何充实闲暇时间达成共识，但当戏曲表演与篮球比赛同时进行时冲突就出现了，双方都面临两种选择，即戏曲表演或篮球比赛. 双方约定，同时给出自己不可更改的选择，各种策略对所构成的赢得矩阵如表6-3所示.

表6-3

| Buff \ Fan | 戏曲表演 | 篮球比赛 |
|---|---|---|
| 戏曲表演 | 3，1 | −4、−4 |
| 篮球比赛 | −2，−2 | 1，3 |

表6–3中的赢得值是局中人在对策对中所获得的效用，负值代表由于不和谐所产生的懊恼．该例显然不存在绝对均衡，但对非零和对策而言，另一种较弱的均衡形式可能存在．

**定义6.4.1**　只要一个局中人不改变其策略，另一个局中人就没有改变自身策略的动因，这样的策略均衡称为纳什均衡．

按照纳什均衡的定义，上例中的策略对（Bff：戏曲表演，Fan：戏曲表演）是一个纳什均衡．戏曲对于Buf是最好的，只要Fan也选择戏曲；同样地，戏曲对于Fan也是最好的，只要Buff坚持选择戏曲．建立一个纳什均衡首先必须选取一个策略对，然后再检验它．策略对（Baff：戏曲表演，Fan：篮球比赛）就不是一个纳什均衡，它无法通过这样的检验．因为Buff选择了戏曲，Fan最好是改变自己的策略也选择戏曲；同样地，Fan选择了篮球，Buff最好是改变自己的策略也选择篮球．类似地有，策略对（Buff：篮球比赛，Fan：戏曲表演）也不是一个纳什均衡，因为在一方没有改变策略时，另一方就存在改变自己策略的动因．

一个非零和对策可以有多个纳什均衡，上例中的策略对（Buff：篮球比赛，Fan：篮球比赛）就是第二个纳什均衡．

对于一次对策，任何一个纳什均衡都可以看成是最优解；但对于多次重复的对策，问题就不那么简单了．可以设想，如果在多次对策中总是重复（Buff：戏曲表演，Fan：戏曲表演），Fan自然就会有不公平的感觉．解决这一问题需要一个辅助的协议，即轮番采用各个纳什均衡．比如，一周去看戏曲表演，一周去看篮球比赛．

## 6.4.2　无均衡对策

我们不能要求一个对策一定要有绝对均衡或纳什均衡，有些对策就既没有绝对均衡也没有纳什均衡，如表6–4所示．

表6-4

| 父母 \ 子女 | 做家务 | 不做家务 |
|---|---|---|
| 提供零用钱 | 4，3 | –1、4 |
| 不提供零用钱 | –2，2 | 0，0 |

构造一个纳什均衡，必须检验所有的策略对．策略对（提供零用钱，做家务）不是一个均衡，因为如果有了零用钱，子女宁愿不做家务而外出玩耍．策略对（提供零用钱，不做家务）也不是一个均衡，因为如果子女选择了不做家务，那么父母将不提供零用钱．同样，策略对（不提供零用钱，做家务）和策略对（不提供零用钱，不做家务）也都不是均衡．

设想这样的情形，子女选择做家务，父母选择提供零用钱．然而，由于父母选择提供零用钱，子女将转而选择不做家务，以便有时间消费；由于父母可以预期子女有了钱后的选择，因此转而选择不提供零用钱．没有了零用钱，子女为避免寂寞而选择做家务；由于子女选择了做家务，父母便产生内疚感，转而选择提供零用钱，这样我们又一次回到了设想的起点．当无均衡对策可言时，并没有以理性为基础的稳定的策略对（策略意义上的解）存在．然而，如果局中人依据一定的概率选取各个策略，稳定的策略对（混合策略意义上的解）还是存在的．

为了展示如何在更加一般意义上寻找最优的混合策略，仍然应用表6–4所给出的例子．在一些家庭尽管这样的游戏可能只是间或进行的，但如果将其看成是一个游戏系列，对于研究问题是很有帮助的．假设父母与子女之间签订一份这样的合同，每个月通过背对背的形式重新调整双方的策略．

由于最初父母并不知道应该选择哪一个策略，所以产生概率 $P_A$（选择提供零用钱的概率）和概率 $1-P_A$（选择不提供零用钱的概率）；同样地，子女选择做家务的概率为 $Q_C$，选择不做家务的概率为 $1-Q_C$．对策双方将按照期望赢得最大的原则选择自己的混合策略．

首先考虑父母，他们的赢得矩阵列于表6–5中．不但父母不知道应该选择哪一个策略，他们的子女同样也不知道应该选择哪一个策略．首先计算父母采取每一策略（每一行）的期望赢得，即用子女选择各策略的概率乘以该行相应的赢得值之和；然后计算父母的期望赢得，即用其选择各策略的概率乘以相应各策略的期望赢得之和（见表6–5）.

父母的期望赢得是 $P_A$、$Q_C$ 的函数，即 $-P_A-2Q_C+7P_AQ_C$．将具有 $P_A$ 的两项加以合并，可以得到等价的表达式：

$$父母的期望赢得=(-1+7Q_C)P_A-2Q_C$$

因为两个变量 $P_A$、$Q_C$ 都是非负的，所以当 $P_A$ 的系数为零时，父母的期望赢得达到最大，即：

$$-1+7Q_C=0，\quad Q_C=\frac{1}{7}\approx 0.143$$

将 $Q_C=\frac{1}{7}$ 代入父母的期望赢得表达式，可得

$$父母的期望赢得=0-2\times\frac{1}{7}=-\frac{2}{7}$$

表6–5

| 子女<br>父母 | 做家务（$Q_C$） | 不做家务（$1-Q_C$） | $P_A(5Q_C-1)+(1-P_A)(-2Q_C)$<br>$=-P_A-2Q_C+7P_AQ_C$ |
|---|---|---|---|
| 提供零用钱（$P_A$） | 4 | −1 | $4Q_C-(1-Q_C)=5Q_C-1$ |
| 不提供零用钱（$1-P_A$） | −2 | 0 | $-2Q_C+0(1-Q_C)=-2Q_C$ |

子女使父母保持使用混合策略的唯一方式是以 $\frac{1}{7}$（或14.3%）概率选择做家务．如果父母探知子女有较大的概率选择做家务，比如说 $\frac{1}{2}$（或50%），那么父母每一次都将选择提供零用钱，即 $P_A=1$；一个较低的概率，比如说 $\frac{1}{10}$（或10%），将给父母充分的理由拒绝提供零用钱，即 $P_A=0$．只要子女

保持以$\frac{1}{7}$（或14.3%）概率选择做家务，将形成一个非稳定的对局，在这一对局中，无论父母选择什么样的策略组合（无论$P_A$取何值），都将实现相同的期望赢得.

然而，$P_A$的大小却对子女的赢得有着巨大的影响. 让我们站在子女的角度来重新审视期望赢得最大的原则. 通过表6-6所给出的子女的赢得矩阵，利用期望赢得最大的原则来确定$P_A$的取值.

$$\text{子女的期望赢} = 2Q_C + 4P_A - 3P_AQ_C = \left(2 - 3P_A\right)Q_C + 4P_A$$

当$2-3P_A=0$或$P_A=\frac{2}{3}\approx 0.67$时，子女的期望赢得达到最大值. $P_A=\frac{2}{3}\approx 0.67$，即可得到子女的期望赢得为2.67.

表6-6

| 子女 / 父母 | 做家务（$Q_C$） | 不做家务（$1-Q_C$） |
|---|---|---|
| 提供零用钱（$P_A$） | 3 | 4 |
| 不提供零用钱（$1-P_A$） | 2 | 0 |
| $Q_C\left(P_A+2\right)+4P_A\left(1-Q_C\right)$ $=2Q_C+4P_A-3P_AQ_C$ | $3P_A+2\left(1-P_A\right)=P_A+2$ | $4P_A+0\left(1-P_A\right)=4P_A$ |

为实现一个稳定的对局，父母必须以$P_A=\frac{2}{3}\approx 0.67$的概率选择提供零用钱. 一个较高的概率，将引起子女放弃做家务（$Q_C=0$）；一个较低的概率，将引起子女总是选择做家务（$Q_C=1$），只要父母以0.67的概率选择提供零用钱，无论$Q_C$取何值，子女都将获得最大的期望赢得2.67，但不要忘记，子女的选择会导致父母改变策略.

如果一个对策是非零和的而且没有均衡的对策对，那么混合策略将产生一个稳定的对局. 将双方最优的混合策略（$P_A=\frac{2}{3}\approx 0.67$，$Q_C=\frac{1}{7}\approx 0.143$）组合到一起，便形成一个非零和矩阵的纳什均衡策略对. 如果对策一方不改变策略，那么对方就没有改变策略的动因. 但是，任何一方策略的改变，都将导致系统的不稳定.

# 6.5 求解混合策略解的LINGO程序

**例6.5.1** （“田忌赛马”）战国时期，有一天齐王提出要与田忌赛马，双方约定从各自的上、中、下三个等级的马中各选一匹参赛，每匹马均只能参赛一次，每一次比赛双方各出一匹马，负者要付胜者千金. 已经知道，在同等级的马中，田忌的马不如齐王的马，而如果田忌的马比齐王的马高一等级，则田忌的马可取胜.

“因忌赛马”就是“零和博弈”，齐王所失就是田忌所赢，又由于只有两个局中人，策略集是有限的，故属于“两人有限零和博弈”，试求解该矩阵博弈.

解 由于齐王和因忌可能的出马策略为“上中下”“上下中”“中上下”“中下上”“下中上”“下上中”.

记齐王的策略集为$\boldsymbol{S}_1=\{\alpha_1,\alpha_2,\cdots,\alpha_6\}$，田忌的策略集为$\boldsymbol{S}_2=\{\beta_1,\beta_2,\cdots,\beta_6\}$，则齐王的赢得矩阵为

$$\boldsymbol{A}=\begin{bmatrix}3 & 1 & 1 & 1 & 1 & -1\\ 1 & 3 & 1 & 1 & -1 & 1\\ 1 & -1 & 3 & 1 & 1 & 1\\ -1 & 1 & 1 & 3 & 1 & 1\\ 1 & 1 & -1 & 1 & 3 & 1\\ 1 & 1 & 1 & -1 & 1 & 3\end{bmatrix}$$

并设齐王和田忌的最优混合策略分别为$\boldsymbol{x}^*=\left[x_1^*,\cdots,x_6^*\right]$和$\boldsymbol{y}^*=\left[y_1^*,\cdots,y_6^*\right]$. 求$\boldsymbol{x}^*$和$\boldsymbol{y}^*$归结为求解方程组

$$\begin{cases}\boldsymbol{A}\ \boldsymbol{x}=\boldsymbol{U}_{6\times1}\\ \sum\limits_{i=1}^{6}x_i=1\end{cases}\tag{6-5-1}$$

和

$$\begin{cases} \boldsymbol{Ay} = \boldsymbol{V}_{6\times1} \\ \sum_{i=1}^{6} y_i = 1 \end{cases} \tag{6-5-2}$$

其中

$$\boldsymbol{x} = [x_1, x_2, \cdots, x_6]^{\mathrm{T}}, \boldsymbol{U}_{6\times1} = [u, u, \cdots, u]^{\mathrm{T}}$$

$$\boldsymbol{y} = [y_1, y_2, \cdots, y_6]^{\mathrm{T}}, \boldsymbol{V}_{6\times1} = [v, v, \cdots, v]^{\mathrm{T}}$$

实际上方程组（6–5–1）和方程组（6–5–2）都有无穷多组解，方程组（6–5–2）的解为

$$\begin{bmatrix} x_1 \\ x_2 \\ x_3 \\ x_4 \\ x_5 \\ x_6 \end{bmatrix} = \begin{bmatrix} 0 \\ 1/3 \\ 1/3 \\ 0 \\ 1/3 \\ 0 \end{bmatrix} + c \begin{bmatrix} 1 \\ -1 \\ -1 \\ 1 \\ -1 \\ 1 \end{bmatrix}, \quad c \in \left[0, \frac{1}{3}\right]$$

对策值 $V_G = u = 1$，类似地，可以给出 $\boldsymbol{y}$ 的解.

利用LINGO软件求方程组（6–5–1）和方程组（6–5–2），得

$$\boldsymbol{x} = \boldsymbol{y} = [0, 0.3333, 0.3333, 0, 0.3333, 0]^{\mathrm{T}}, \quad V_G = u = v = 1$$

即齐王以1/3的概率选取策略 $\alpha_2$， $\alpha_3$， $\alpha_5$ 之一，田忌以1/3的概率选取策略 $\beta_2$， $\beta_3$， $\beta_5$ 之一. 总的结局是齐王赢得的期望值是1千金.

因为方程组有无穷多组解，其中的最小范数解为

$$x_i = \frac{1}{6}, \quad i = 1, 2, \cdots, 6 \text{；} y_j = \frac{1}{6}, \quad j = 1, 2, \cdots, 6 \text{；} V_G = u = v = 1$$

即双方都以1/6的概率选取每个纯策略. 或者说在6个纯策略中随机地选取1

个即为最优策略．总的结局也是齐王赢得的期望值是1千金．

从上面的结果可以看出，在公平的比赛情况下，双方同时提交出马顺序策略，齐王可以有多种可能的策略，齐王都能赢得田忌1000金．之前之所以田忌能赢齐王1000金，其原因在于他事先知道了齐王的出马顺序，而后才做出对自己有利的决策．因此在这类对策问题中，在正式比赛之前，对策双方都应该对自己的策略保密，否则不保密的一方将会处于不利的地位．

计算的LINGO程序如下：

```
model:
sets:
nun/1..6/: x, y;
link (num, num): a;
endsets
data:
a=1; ! 初始赋值，a的所有元素都赋初值1;
enddata
submodel xx:
@for (num (j): @sun (num (i); a (i.j) *x (i)) =u);
@sum (num:x) =1; @free (u);
endsubmodel
submodel yy:
@for (num (i): @sum (num (j): a (i, j) *y (j)) =v);
@sum (num:y) =1; @free (v);
endsubmodel
submodel conl:
min =@sqrt (@sum (num (i): x (i) ^2));
endsubmodel
submodel con2:
min =@sqrt (@sum (num (i): y (i) ^2));
endsubmodel
calc:
```

```
a(1, 1)=3; a(1, 6)=-1; a(2, 2)=3; a(2, 5)=-1;
a(3, 2)=-1; a(3, 3)=3; a(4, 1)=-1; a(4, 4)=3;
a(5, 3)=-1; a(5, 5)=3; a(6, 4)=-1; a(6, 6)=3;
@solve(xx); @solve(yy);
@solve(xx, con1); @solve(yy, con2); ! 求最小范数解;
endcale
end
```

**例6.5.2** （续例6.5.1）用线性规划解法求解“田忌赛马”问题.

**解**：利用LINGO软件求得的最优解为

$$\boldsymbol{x}=\boldsymbol{y}=\left[0,0.3333,0.3333,0,0.3333,0\right]^{\mathrm{T}},$$

博弈值 $V_G=u=v=1$.

计算的LINGO程序如下：

```
model:
sets:
num/1..6/x, y;
link(num, num): a;
endsets
data:
a=1; ! 初始赋值;
enddata
submodel xx:
max =u;
@for(num(j): @sum(num(i): a(i.j)*x(i)) >=u);
@sum(num:x)=1; @free(v);
Endsubrnodel
submodel yy:
min =v;
@for(num(i): @sum(num(j): a(i, j)*y(j)) <=v);
```

```
@sum（num:y）=1；@free（u）;
endsubmodel
calc:
a（1.1）=3；a（1，6）=-1；a（2，2）=3；a（2，5）=-1；
a（3，2）=-1；a（3，3）=3；a（4，1）=-1；a（4，4）=3；
a（5，3）=-1；a（5，5）=3；a（6，4）=-1；a（6，6）=3；
@solve（xx）;
@solve（yy）;
endcale
end
```

**例6.5.3**　在一场敌对的军事行动中，Ⅰ方拥有三种进攻性武器$A_1$，$A_2$，$A_3$，可分别用于摧毁Ⅱ方工事；而Ⅱ方有三种防御性武器$B_1$，$B_2$，$B_3$来对付Ⅰ方．据平时演习得到的数据，各种武器间对抗时，相互取胜的可能如下：

$A_1$对$B_1$ 2:1；$A_1$对$B_2$ 3:1；$A_1$对$B_3$ 1:2；

$A_2$对$B_1$ 3:7；$A_2$对$B_2$ 3:2；$A_2$对$B_3$ 1:3；

$A_3$对$B_1$ 3:1；$A_3$对$B_2$ 1:4；$A_3$对$B_3$ 2:1

**解：**先分别列出Ⅰ、Ⅱ双方赢得的可能性矩阵，将Ⅰ方矩阵减去Ⅱ方矩阵的对应元素，得零和博弈时Ⅰ方的赢得矩阵如下：

$$\boldsymbol{A}=\begin{bmatrix} 1/3 & 1/2 & -1/3 \\ -2/5 & 1/5 & -1/2 \\ 1/2 & -3/5 & 1/3 \end{bmatrix}$$

利用线性规划模型，解得

$$\boldsymbol{x}=[0.5283,0,0.4717]^{\mathrm{T}}，\quad \boldsymbol{y}=[0,0.3774,0.6226]^{\mathrm{T}}$$

$$u=-0.0189，\quad v=-0.0189$$

因而军事行动中Ⅱ方稍微处于有利位置.

计算的LINGO程序如下：

```
model：
sets：
num/1..3/：x，y；
link（num，num）：a；
endsets
submodel xx：
max=u；
@for（num（j）：@sum（num（i）：a（i，j）*x（i））>=u）；
@sum（num:x）=1；@free（u）；
endsubmodel
submodel yy：
min=v；
@for（num（i）：@sum（num（j）：a（i，j）*y（j））<=v）；
@sum（num:y）=1；@free（v）；
endsubmode
calc：
a（1，1）=1/3；a（1，2）=1/2；a（1，3）=–1/3；
a（2，1）=–2/5；a（2，2）=1/5；a（2.3）=–1/2；
a（3，1）=1/2；a（3，2）=–3/5；a（3，3）=1/3；
@solve（xx）；
@solve（yy）；
endcale
eno
```

**例6.5.4** 有Ⅰ、Ⅱ两支游泳队举行包括三个项目的对抗赛. 这两支游泳队各有一名健将级运动员（Ⅰ队为李，Ⅱ队为王），在三个项目中成绩都很突出，但规则准许他们每人只能参加两项比赛，每队的其他两名运动员可参加全部三项比赛. 已知各运动员平时成绩（s）如表6–7所示.

表6-7　运动员成绩

| | Ⅰ队 | | | Ⅱ队 | | |
|---|---|---|---|---|---|---|
| | 赵 | 钱 | 李 | 王 | 张 | 孙 |
| 100米蝶泳 | 59.7 | 63.2 | 57.1 | 58.6 | 61.4 | 64.8 |
| 100米仰泳 | 67.2 | 68.4 | 63.2 | 61.5 | 64.7 | 66.5 |
| 100米蛙泳 | 74.1 | 75.5 | 70.3 | 72.6 | 73.4 | 76.9 |

假定各运动员在比赛中都发挥正常水平，比赛第一名得5分，第二名得3分，第三名得1分，问教练员应决定让自己队健将参加哪两项比赛，使本队得分最多？（各队参加比赛名单互相保密，定下来后不准变动.）

**解：**分别用$\alpha_1$、$\alpha_2$和$\alpha_3$表示Ⅰ队中李姓健将不参加蝶泳、仰泳、蛙泳比赛的策略，分别用$\beta_1$、$\beta_2$和$\beta_3$表示Ⅱ队中王姓健将不参加蝶泳、仰泳、蛙泳比赛的策略．当Ⅰ队采用策略$\alpha_1$，Ⅱ队采用策略$\beta_1$时，在100米蝶泳中，Ⅰ队中赵获第一、钱获第三得6分，Ⅱ队中张获第二，得3分；在100米仰泳中，Ⅰ队中李获第二，得3分，Ⅱ队中王获第一、张获第三，得6分；在100米蛙泳中，Ⅰ队中李获第一，得5分，Ⅱ队中王获第二、张获第三，得4分．也就是说，对应于局势$(\alpha_1,\beta_1)$，Ⅰ、Ⅱ两队各自的得分为（14，13），类似地，可以计算出在其他局势下Ⅰ、Ⅱ两队的得分，表6-8给出了在全部策略下各队的得分.

表6-8　赢得矩阵的计算结果

| | $\beta_1$ | $\beta_2$ | $\beta_3$ |
|---|---|---|---|
| $\alpha_1$ | （14,13） | （13,14） | （12,15） |
| $\alpha_2$ | （13,14） | （12,15） | （12,15） |
| $\alpha_3$ | （12,15） | （12,15） | （13,14） |

混合策略$\left(x^*, y^*\right)$为博弈$\boldsymbol{G}=\left(\boldsymbol{S}_1, \boldsymbol{S}_2, \boldsymbol{A}, \boldsymbol{B}\right)$的平衡点的充分必要条件是

$$\begin{cases}\sum_{j=1}^{n} a_{ij} y_j^* \le x^{*\mathrm{T}} \boldsymbol{A} y^*, i=1,2,\cdots,m \\ \sum_{i=1}^{m} b_{ij} x_i^* \le x^{*\mathrm{T}} \boldsymbol{B} y^*, j=1,2,\cdots,n\end{cases} \tag{6-5-3}$$

求最优混合策略，就是求不等式约束（6-5-3）的可行解．记Ⅰ队的赢得矩阵$\boldsymbol{A}=\left(a_{ij}\right)_{3\times3}$，记Ⅱ队的赢得矩阵$\boldsymbol{B}=\left(b_{ij}\right)_{3\times3}$，Ⅰ队的混合策略为$\boldsymbol{x}=\left[x_1, x_2, x_3\right]^{\mathrm{T}}$，Ⅱ队的混合策略为$\boldsymbol{y}=\left[y_1, y_2, y_3\right]^{\mathrm{T}}$．则问题的求解归结为求如下约束条件的可行解：

$$\begin{cases}\sum_{j=} a_{ij} y_j \le x \ \ \boldsymbol{A} y, i=1,2,3 \\ \sum_{i=} b_{ij} x_i \le x \ \ \boldsymbol{B} y, j=1,2,3 \\ \sum_{i=} x_i =1 \\ \sum_{i=} y_i =1 \\ x_i, y_i \ge 0, i=1,2,3\end{cases}$$

利用LINGO软件，求得Ⅰ队采用的策略是$\alpha_1$、$\alpha_3$方案各占50%，Ⅱ队采用的策略是$\beta_2$、$\beta_3$方案各占50%，Ⅰ队的平均得分为12.5分，Ⅱ队的平均得分为14.5.

计算的LINGO程序如下：

```
model:
sets: num/1..3/:x,y;
link (num, num) :a,b;
endsets data:
a= 14 13 12 13 12 12 12 12 13;
```

```
b=13 14 15 14 15 15 15 15 14;
enddata
va =@sum(link(i,j):a(i,j)*x(i)*y(j));
vb=@sum(link(i,j):b(i,j)*x(i)*y(j));
@for(num(i):@sum(num(j):a(i,j)*y(j))<va);
@for(num(j):@sum(num(i):b(i,j)*x(i))<vb);
@sum(num:x)=1;@sum(num:y)=1;
@free(va);
@free(vb);
end
```

# 第7章 图与网络分析

图论与网络分析是图论与线性规划相结合的产物，它既有线性规划的一般性，又具有图论自身的特征结构．图论与网络分析在通信系统、管理网络系统、生产分配系统等广泛领域中都得到了极好的应用．随着信息技术和计算机技术的迅速发展，图论与网络分析的重要性也日益明显．

## 7.1 图与网络的基本概念

### 7.1.1 图的概念

**定义7.1.1** 一个有序三元组（$V(G)$，$E(G)$，$\varphi_G$）称为一个图$G$，其中：

①$V(G)$是$G$的顶点集合，它是非空的，称为顶点集.

②$E(G)$是$G$的边集合，其中的元素叫做边.

③$\varphi_G$是关联函数，是从边集$E$到$V$中的有序的或无序的元素偶对的集合的映射，即用以把$G$的每条边与$G$的一对顶点(不必相异)联系起来.

如$e \in E(G)$、$u,v \in V(G)$，满足$\varphi_G(e)=uv$，则称$e$连接顶点$u$和$v$；顶点$u$和$v$都称为$e$的端点.

一个抽象图可用一个几何图形表示，每个顶点用点表示，每条边用连接端点的线表示. 这种表示有助于我们直观地了解它们的许多性质.

需要注意的是，在一个抽象图的几何图形中，两条边的交点可能不是图的顶点. 例如图7-1中，它共有4个顶点，6条边；而$e_3$与$e_4$的交点不是这个图的顶点.

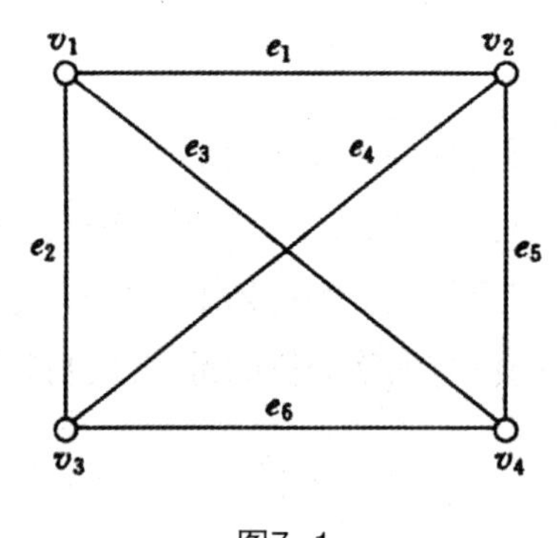


图7-1

**定义7.1.2** 在图$G=(V,E)$中，与$V$中的有序偶对应的边$e(\psi(e)=(v_1,v_2))$，称为图$G$的有向边（或弧），而与$V$中的顶点的无序偶$v_iv_j$相对应的边$e$，称为图$G$的无向边. 每一条边都是无向边的图，称为无向图；每一条边都是有向边的图称为有向图.

下面列出一些术语与常见的图：

①若$\psi(e)=uv$，称$e$与顶点$u$，$v$相关联.

②若$\psi(e)=uv$，称$u$与$v$相邻.

③与同一顶点相关联的两边称为相邻边.

④两端点重合的边称为环.

⑤端点完全相同的两边称为重边.

⑥$v(G)$和$\varepsilon(G)$分别表示$G$的顶点数和边数.

⑦任二顶点相邻的简单图，称为完全图，记为$K_n$，其中$n$为顶点的数目.

⑧一个简单图称为二分图，如果它的顶点集能分解为两个子集$X$和$Y$，使每一条边的每一个端点在$X$，另一端点在$Y$，此时（$X$，$Y$）称为图的二分划．一个完全二分图是一个具有二分划（$X$，$Y$）的简单二分图，其中$X$的每个顶点与$Y$的每个顶点都相连；若$|X|=m$，$|Y|=n$，则这样的完全二分图记为$K_{m,n}$（图7–2）.

⑨既无环又无重边的图，称为简单图．为了书写方便，常常略去关联函数$\varphi_G$，并把$G$简记$G=(V，E)$，图7–3是简单图.

⑩一个图称为平面图，如它有一个平面图形，使得边与边仅在顶点相交．图7–1就是一个平面图，因为它可以有下面的图形（图7–3）.

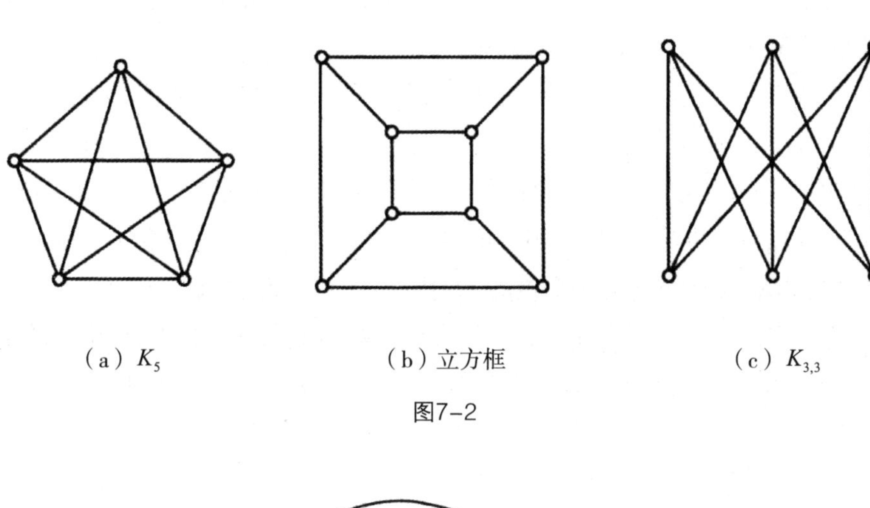

（a）$K_5$　　（b）立方框　　（c）$K_{3,3}$

图7–2

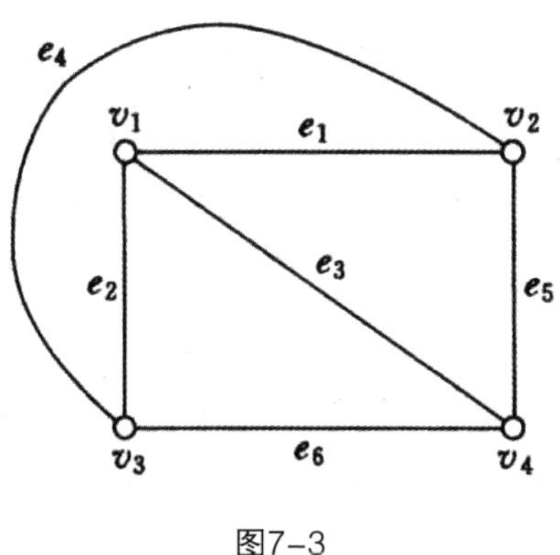


图7–3

顶点集与边集都是有限的图．只有一个顶点的图称为平凡图；边集是空集的图称为空图．

在图论研究与应用中，理解具有相同结构(即同构)的一类图是必要的．给定两个图 $G=\left(V(G),E(G),\varphi_G\right)$ 与 $H=\left(V(H),E(H),\varphi_H\right)$，称$G$和$H$是同构的，记为 $G\cong H$，如果存在两个一一对应：$\theta:V(G)\to V(H)$ 和 $\psi:E(G)\to E(H)$，使得 $\varphi_H\left(\psi(e)\right)=\theta(u)\theta(v)$ 当且仅当 $\varphi_G(e)=uv$，此时 $(\theta,\psi)$ 称为$G$和$H$间的一个同构．

**定义7.1.3** 称 $H=\left(V(H),E(H),\varphi_H\right)$ 是图 $G=\left(V(G),E(G),\varphi_G\right)$ 的子图，记为 $H\subseteq G$，如果 $V(H)\subseteq V(G),E(H)\subseteq E(G)$，并且 $\varphi_H=\varphi_{G|H}$；$\varphi_{G|H}$ 表示关联函数 $\varphi_G$ 在$H$上的限制．若 $H\subseteq G$ 并且 $H\neq G$ 时，则称$H$是$G$的真子图．如果 $H\subseteq G$，并且$V(H)=V(G)$时，则称$H$是$G$的支撑子图．

从图中删去所有的环，并使每一对邻接的顶点只留下一条边，即可得到$G$的一个简单支撑子图，称为$G$的基本图．

**定义7.1.4** 设$W$是图$G$的一个非空顶点子集，以$W$为顶点集，以两端点均在$W$中的边的全体为边集的子图称为由$W$导出的$G$的子图，记为$G[W]$．称$G[W]$是$G$的顶点导出子图，简称导出子图．导出子图$G[V(G)\backslash W]$记为$G-W$，即$G-W=G[V(G)\backslash W]$，它是从$G$中删除$W$中的顶点以及与这些点相关联的边所得到的子图．如果$W$仅含一个顶点 $v$，则把 $G-\{v\}$ 简记为 $G-v$．

**定义7.1.5** 设$F$是图$G$的非空边子集，以$F$为边集，以$F$中边的端点的全体为顶点集所构成的子图称为由$F$导出的$G$的子图，记为$G[F]$.$G[F]$是$G$的边导出子图．记$G-F$表示以$E(G)\backslash F$为边集的$G$的支撑子图，它是从$G$中删除$F$中的边所得到的子图．如$F=\{e\}$，则记$G-e=G-\{e\}$.

**例7.1.1** 图7–4给出图$G$的不同类型的子图．

设 $G_1$ 和 $G_2$ 都是图$G$的子图；若 $V(G_1)\cap V(G_2)=\varnothing$，则称 $G_1$ 与 $G_2$ 是不相交的；若 $E(G_1)\cap E(G_2)=\varnothing$，则称$G$与是边不重的．

**定义7.1.6** 定义 $G_1$ 与 $G_2$ 的和，记为 $G_1\cup G_2$，是$G$的一个子图，其顶点集为 $V(G_1)\cup V(G_2)$，边集为 $E(G_1)\cup E(G_2)$；若 $G_1$ 与 $G_2$ 是不相交的，则记 $G_1\cup G_2=G_1+G_2$．

类似地可以定义 $G_1$ 与 $G_2$ 的交集 $G_1\cap G_2$，此时要求 $V(G_1)\cap V(G_2)\neq\varnothing$．

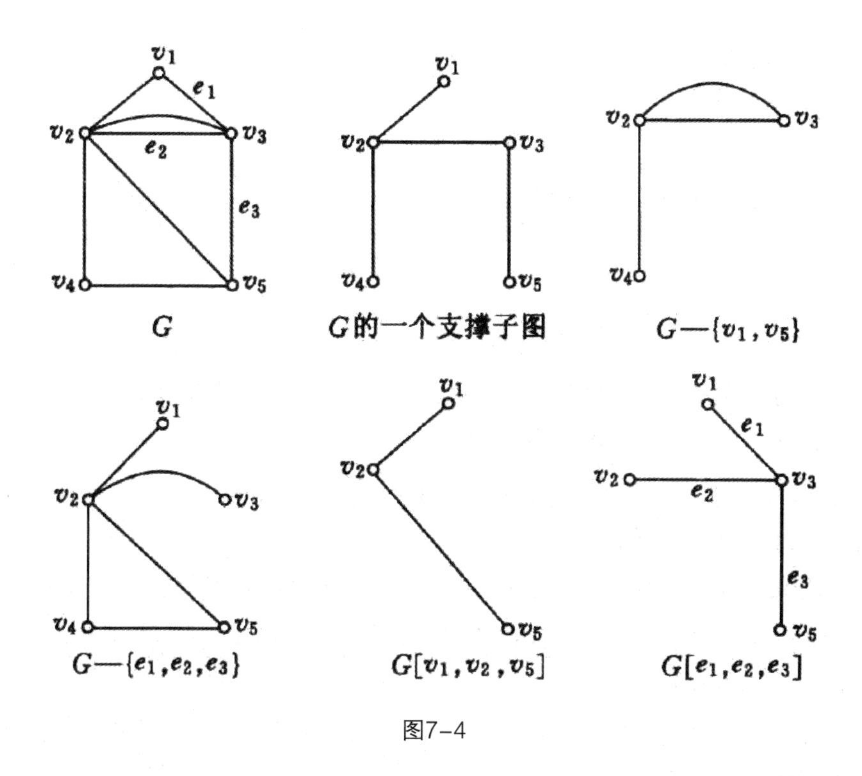


图7–4

## 7.1.2　顶点的次数

图$G$的顶点$v$的次数是指$G$中与$v$关联的边数．每个环边按两次计算．用$\delta$和$\Delta$分别表示$G$的顶点的最小次数和最大次数．

**定理7.1.1**　设$G$是一个图，则$\sum_{v\in V(G)} d(v) = 2\varepsilon$．

证明：因为每条边都与两个顶点相关联，每出现一条边，总次数就增加2．所以总次数为$\sum_{v\in V(G)} d(v) = 2\varepsilon$．

**推论7.1.1**　图中奇数次的顶点数为偶数．

**证明：**令$V_1$和$V_2$分别是图中奇数次和偶数次的顶点集，由定理7.1.1可知$\sum_{v\in V_1} d(v) + \sum_{v\subset V_2} d(v) = \sum_{v\in V(G)} d(v)$是偶数，由于$\sum_{v\in V_2} d(v)$也是偶数，所以

$\sum_{v\in V_1} d(v)$是偶数，即$|V_1|$是偶数.

### 7.1.3 图的矩阵表示

为了便于利用计算机进行计算和处理，常要将图数字化，用矩阵来表示图. 图的矩阵表示形式很多，我们最为常用的是邻接矩阵和关联矩阵.

**定义7.1.7**（无向图的邻接矩阵） 对任意一个图$G$，设$G$的顶点集$V(G)=\{v_1,v_2,\cdots,v_r\}$. 定义$\gamma\times\gamma$矩阵$\boldsymbol{A}(G)=(a_{ij})$，其中$a_{ij}$是连接$v_i$和$v_j$的边的数目，则$\boldsymbol{A}(G)$称为$G$的邻接矩阵.

**定义7.1.8**（有向图的邻接矩阵） 设$D=(V,E)$是一个有向图，$V=\{v_1,v_2,\cdots,v_n\}$，则$D$的邻接矩阵$\boldsymbol{A}=(a_{ij})_{n\times n}$，其中$a_{ij}=m$ (若$v_i$指向 的弧有$m$条，$m$可为0).

有向图的邻接矩阵不一定对称，第$i$行的元素之和为$v_i$的出次，第$j$列的元素之和为$v_j$的入次.

**定义7.1.9**（加权有向图的带权邻接矩阵） 若对有向图$D=(V,E)$的每条边赋予一个数，则称$D$为加权有向图，则$D$的邻接矩阵$\boldsymbol{A}=(a_{ij})_{n\times n}$，其中

$$a_{ij}=\begin{cases} w_{ij},\left((v_i,v_j)\in E\text{且}w_{ij}\text{是它的权}\right) \\ 0,(i=j) \\ \infty,\left((v_i,v_j)\notin E\right) \end{cases}$$

简单有向图是指无环、无同向重边的有向图.

**定义7.1.10**（无向图的关联矩阵） 对任意一个图$G$，设$G$的顶点集$V(G)=\{v_1,v_2,\cdots,v_r\}$及边集$E(G)=\{e_1,e_2,\cdots,e_\varepsilon\}$. 定义$\gamma\times\varepsilon$矩阵$M(G)=(m_{ij})$，其中$m_{ij}$是$v_i$与$e_j$相关联的次数(0，1或2)，则$M(G)$称为$G$的关联矩阵.

**定义7.1.11**(有向图的关联矩阵) 设$D=(V,E)$是一有向无环图，

$V(G)=\{v_1,v_2,\cdots,v_r\}$ 及边集 $E(G)=\{e_1,e_2,\cdots,e_\varepsilon\}$. 定义$D$的 $\gamma\times\varepsilon$ 关联矩阵 $M(G)=(m_{ij})$，其中

$$m_{ij}=\begin{cases}1,(v_i\text{是}e_j\text{的起点})\\-1,(v_i\text{是}e_j\text{的终点})\\0,(\text{其他})\end{cases}$$

从定义不难看出，无向图的邻接矩阵是一个对称方阵，$A$的每一行或每一列的元素之和是对应顶点的次数；关联矩阵每一列的元素之和均为2，且第$i$行的元素之和是 $v_i$ 的次数. 简单图的邻接矩阵是一个对称的（0，1）矩阵，且对角线元素全为0；关联矩阵是（0，1）矩阵.

关联矩阵和邻接矩阵统称为图的矩阵表示. 通常一个图的邻接矩阵比它的关联矩阵小得多，因而图常以其邻接矩阵的形式存储于计算机中.

## 7.2 树及最小树问题

树在图论里是一个重要的概念，它是所有图中极为简单又极其重要的一类图，一般图的难题或算法大都首先从树入手探讨，有的问题对一般图难以解决，而对于树，则可以圆满解决.

### 7.2.1 路与圈

**定义7.2.1** 给定一个图$G$，$G$的一个有限的点边交错序列 $W=v_0e_1v_1e_2v_2\cdots e_kv_k$ 称为从 $v_0$ 到 $v_k$ 的径，其中 $v_{i-1}$ 与 $v_i$ 是边 $e_i$ 的顶点，$1\le i\le k$.

顶点 $v_0$ 称为 $W$ 的起点，$v_k$ 称为$W$的终点，$v_i\left(1\le i<k\right)$称为$W$的内部顶点，整数 $k$ 称为$W$的长度．在简单图中，径$W$可以由它的顶点序列 $v_0v_1v_2\cdots v_k$ 确定，故而简单图的径可以由其顶点序列表示．

如果径$W$的边 $e_1,e_2,\cdots,e_k$ 互不相同，则称$W$为链，此时$W$的长度正好是$W$中边的个数．

如果顶点心 $v_1,v_2,\cdots,v_k$ 互不相同，则称$W$为$G$的一条路．记路长为 $d\left(v_0,v_k\right)=k$．下面我们给出图7-5的径、链和路．

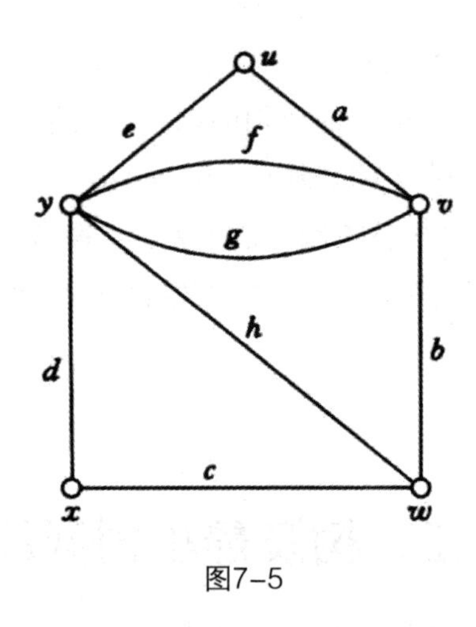


图7-5

**定义7.2.2**　图$G$的两个顶点$u$和$v$称为连通的，如果在$G$中存在一条$(u,v)$-路，连通在顶点集$V(G)$上是一个等价关系，由此可得到$V(G)$的一个分划，$V_1,V_2,V_3,\cdots,V_w$，使得两个顶点$u$和$v$属于同一个 $V_i$ 当且仅当$u$和$v$是连通的．导出子图 $G\left[V_1\right],G\left[V_2\right],\cdots,G\left[V_w\right]$ 称为$G$的连通分支．如果$w$=1，即$G$只有一个连通分支，则称$G$是连通的；否则$G$是非连通的；$w$表示$G$的连通分支数．

**定义7.2.3**　一个径$W$称为闭的，如果$W$的起点与终点相同并且$W$有正的长度．如果一条闭链的起点与内部顶点互不相同，则称它是一个圈或回路，长度$k$称为圈长．按$k$是奇数或偶数，称圈为奇圈或偶圈．

**定理7.2.1**　一个图是二分图当且仅当图中不存在奇圈．

**定义7.2.4**　$G$的环游是至少一次经过$G$的每条边的闭径，若环游$w$恰好一次经过$G$的每条边，则称$w$是一条Euler环游．Euler环游也叫Euler闭链．$G$

的Euler链是经过$G$的每条边的链. 如果图$G$包含一条Euler环游，则称$G$是Euler的.

## 7.2.2　树及其性质

**定义7.2.5**　树是一个不包含圈的简单连通图，记为$T$，$T$中$d(v)=1$的顶点$v$称为树叶；具有$k$个连通分支的不包含圈的图称为$k$–树，或森林；孤立顶点称为平凡树.

图7–6列出了具有6个顶点的不同构的树. 从中可以看出，图7–6中的每棵树都有5条边，并且至少有2个顶点的次数是1.

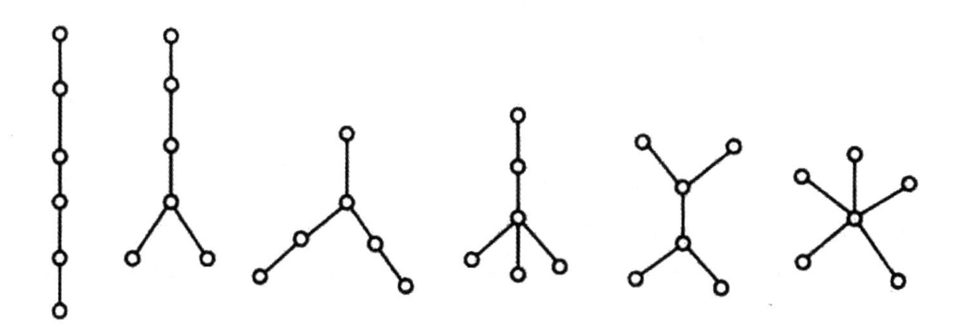

图7–6

**性质7.2.1**　设$G$是一棵树，则：

①$G$中任意两点均有唯一的路连接.

②$G$的边数等于顶点数减1，即$\varepsilon=\gamma-1$.

③若$G$不是平凡图，则$G$至少有两个次数为1的顶点.

**性质7.2.2**　图的一条边$e$是割边当且仅当$e$不包含于$G$的任意圈中.

下面给出树的特征定理.

**定理7.2.2**　设$G$是一个简单图，$\gamma\geq 3$，则下列六个命题是等价的.

①$G$是一棵树.

②$G$无圈且$e = B_1$.

③$G$连通且$e = B_1$.

④$G$连通并且每条边都是割边.

⑤$G$中任意两点都有唯一的路相连.

⑥$G$无圈，但在任意一对不相邻的顶点之间加连一条边，则构成唯一的一个圈.

**定义7.2.6** 图$G$的支撑树是$G$的支撑子图$T$，并且$T$是一棵树. 每个连通图都有支撑树，支撑树也称为连通图的极小连通支撑子图. 很显然，一个连通图只要本身不是一棵树，它的支撑树就不止一个.

由定理7.2.2，我们很快可以得出：

**定理7.2.3** 设$G$是一个连通图，$T$是$G$的一棵支撑树，$e$是$G$的一条不属于$T$的边，则$T+e$含有$G$的唯一圈.

设$e_1,e_2,\cdots,e_\mu$是$G$的不属于$T$的所有边，令$C_i$表示$T+e$的唯一圈，则称$C_1,C_2,\cdots,C_\mu$为$G$由$T$生成的基本圈，$\mu$称为$G$的圈秩，显然$\mu=\varepsilon-v+1$.

**定义7.2.7** 给定图$G=(V, E)$，取$S$，$S'\subseteq V$，定义$G$的边子集$[S, S']=\{e=xy\in E: x\in S, y\in S'\}$. 如果$S\neq\varnothing$，则称$\{S, S'\}$是$G$的一个边割. $G$的极小边割称为$G$的割集. 显然，每条割边是一个割集. 若$G$连通，则$G$的割集$B$是使$G-B$不连通的极小边子集.

**定义7.2.8** 设$H$是$G$的子图，定义子图$G-E(H)$为子图$H$在$G$中的补图，记为$\bar{H}(G)$. 特别的，如果$T$是连通图$G$的一棵支撑树，则称$\bar{T}=G-E(T)$为$G$的反树.

**定理7.2.4** 设$T$是连通图$G$的一棵支撑树，$e$是$T$的任意一条边，则：

①$\bar{T}$不包含$G$的割集；

②$\bar{T}+e$包含$G$的唯一割集.

**定理7.2.5** 设$T_1$和$T_2$是$G$的两个支撑树，令$k=E(T_1)\setminus E(T_2)$，则$T_2$经过$k$次迭代后可得到$T_1$.

**定义7.2.9** 设$G$是一个赋权图，$T$为$G$的一个支撑树. 定义$T$的权为

$$w(T)=\sum_{e\in E(T)} w(e)$$

$G$中权最小的支撑树称为$G$的最小树.

**定理7.2.6**　设$T$是$G$的一个支撑树，则$T$是$G$的最小树的充分必要条件为任意边$e \in \overline{T}$，

$$w(e) = \max_{f \in E(C(e))} w(f)$$

其中$C(e)$是$T+e$的唯一圈.

**定理7.2.7**　设$T$是$G$的支撑树，则$T$是$G$的最小树的充分必要条件为任意边$e \in T$都有

$$w(e) = \min_{f \in \Omega(e)} w(f)$$

其中$\Omega(e) \subseteq \overline{T} + e$为$G$的唯一割集.

## 7.2.3　最小树的算法

### 7.2.3.1　算法Ⅰ(Kruskal)

第0步：把边按权的大小从小到大排列得：$a_1, a_2, \cdots, a_\varepsilon$.

置$S = \varnothing$，$i$=0，$j$=1.

第1步：若$|S| = i = v - 1$，则停，此时$G[S]$即为所求的最小树；否则转向第2步.

第2步：如果$G\left[S \cup \{a_j\}\right]$不构成回路，则令

$$e_{i+1} = a_j, S = S \cup \{e_{i+1}\}, i = i + 1, j = j + 1$$

转向第1步；否则，令$j = j +$ 转向第2步.

上述算法是Kruskal在1956年提出的，人们也称之为贪心算法.

**例7.2.1** 利用Kruskal算法求图7-7的最小树，迭代过程如图7-8所示.

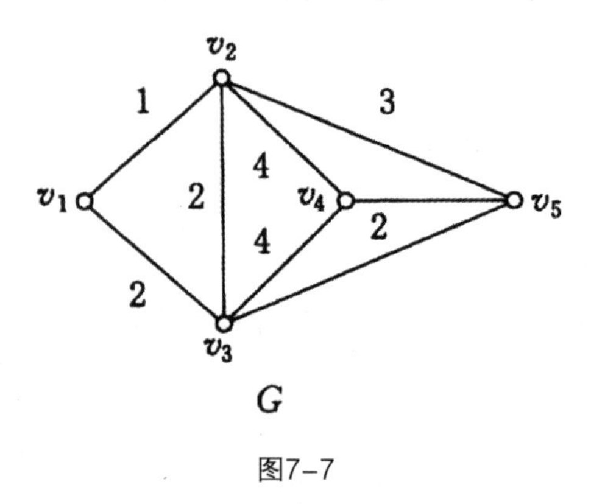


图7-7

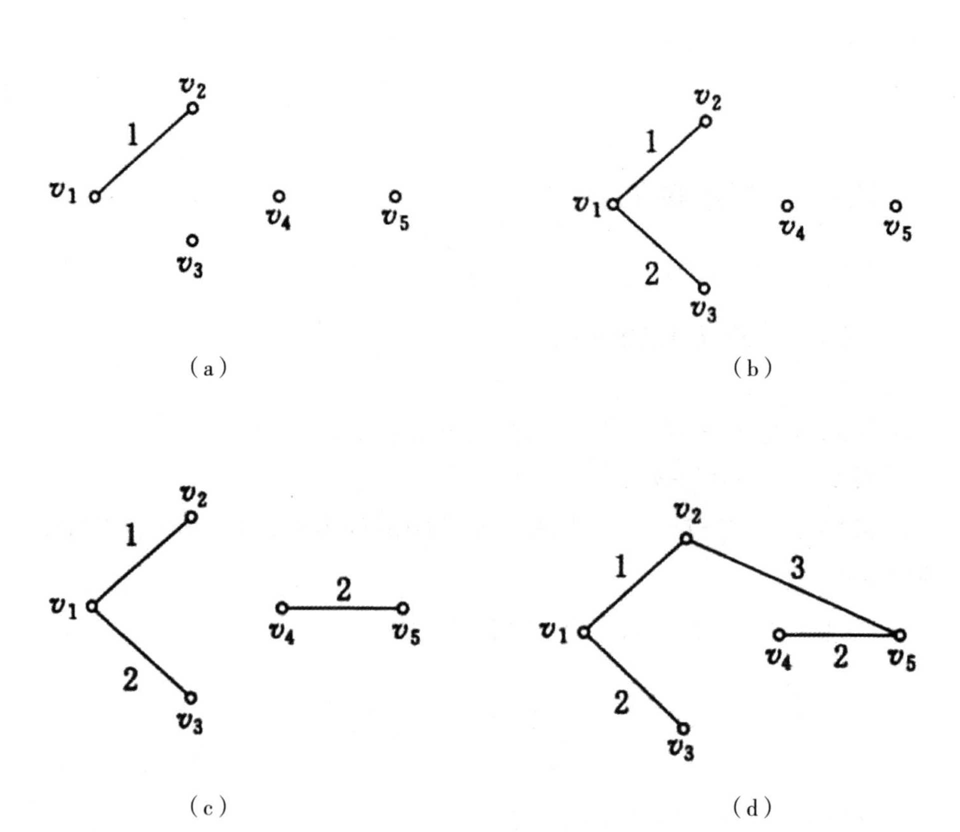


图7-8

Kruskal算法的总计算量为$\theta\left(v^{2}\log\gamma\right)$，有效性不太好，求最小树的一个好的算法是Dijkstra于1959年提出的，算法的实质是在图的$\gamma-1$个独立集中取每个割集的一条极小边来构成最小树.

### 7.2.3.2　算法Ⅱ（Dijkstra）

第0步：置$T=\varnothing, R=\{1\}, S=\{2,3,\cdots,\gamma\}, u_{j}=w_{1j}, j\in S$.

第1步：取$u_{k}=\min\limits_{j\in S}\left\{u_{j}\right\}=w_{ik}$，置$T=T\bigcup\left\{e_{ik}\right\}, R=R\bigcup\{k\}, S=S\setminus\{k\}$.

第2步：若　$=\varnothing$，则停止，否则，置$u_{j}=\min\left\{u_{j}, w_{kj}\right\}, j\in S$，返回第1步.

**例7.2.2**　用Dijkstra算法求图7–7的最小树，迭代过程如图7–9所示.

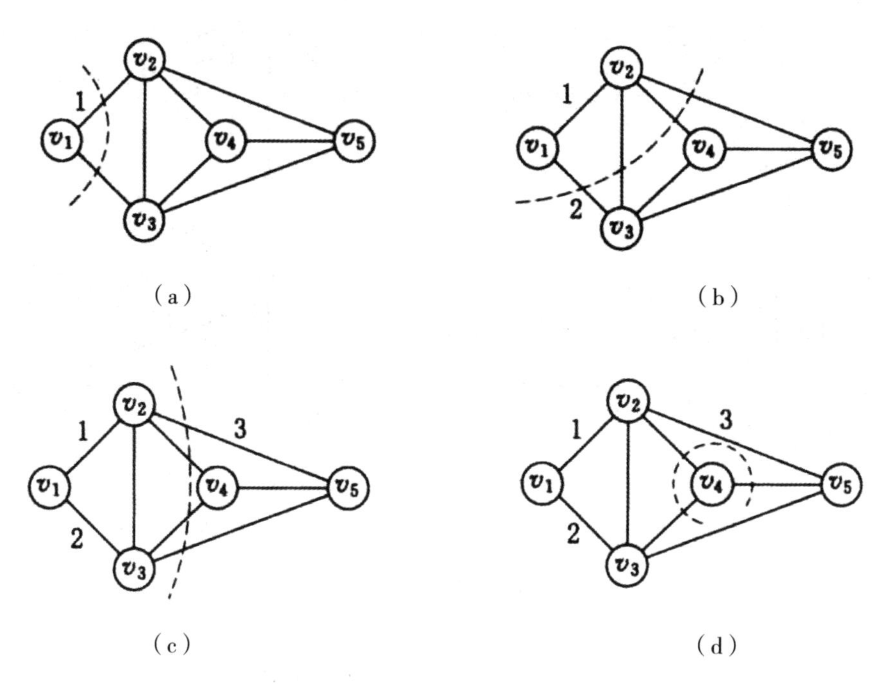


图7–9

### 7.2.3.3 算法Ⅲ（破圈法）

破圈法是Dijkstra算法的对偶算法，最适合于图上作业，尤其是当图的顶点数和边数比较大时，可以在各个局部进行.

第1步：若$G$不含圈，则停止；否则在$G$中找一个圈$C$，取边$e\in C$，满足

$$w(e)=\max_{f\in E(C)} w(f)$$

第2步：置$G=G-e$，返回第1步.

**例7.2.3** 利用破圈法求图7-7的最小树，其过程如图7-10所示.

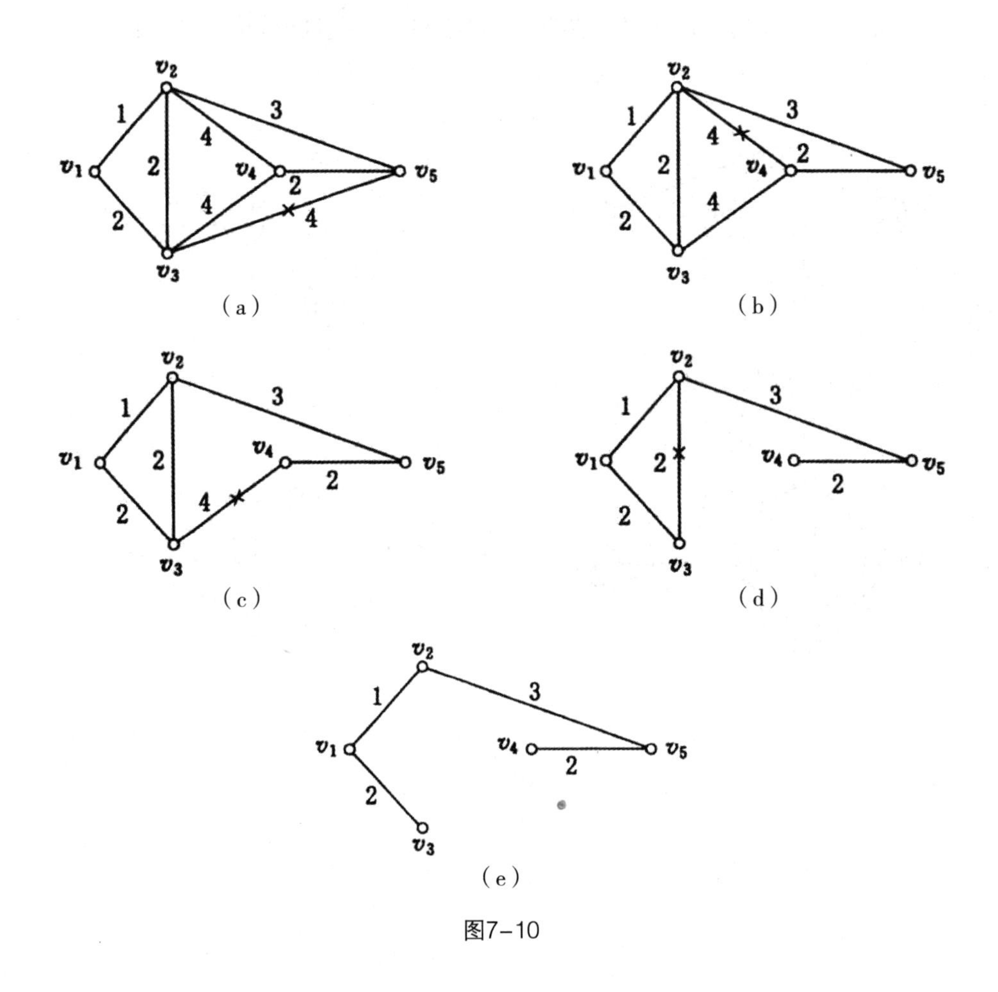

图7-10

上述算法可以在图上进行．为了便于计算机计算，下面介绍Dijkstra的表上算法．

#### 7.2.3.4　算法Ⅳ（表上作业法）

给定一个赋权图，可以相应地定义一个邻接矩阵 $A=\left(w_{ij}\right)$，其中 $w_{ij}$ 是连接顶点 $v_i$ 和 $v_j$ 的权，若 $v_iv_j \neq E$，令 $w_{ij}=\infty$．

第0步：画掉第一列所有元素（例如打上×），并在第一行的每个元素下面画一横线．

第1步：在划横线的元素中找一个最小的 $w_{ij}$，用圆圈圈起来，把第$j$列其他元素画掉，并把第$j$行没有画掉的元素画上横线．

第2步：如果还有没有圈起来的和没有画掉的元素，则返回步骤1；否则结束．这时圈起来的元素代表最小树的边，所有圈起来的元素之和就是最小树的权．

作为最小树的应用问题之一是所谓的连接问题：欲建立一个连接若干城镇（矿区或工业区）的铁路网，给定城镇 $v_i$ 和 $v_j$ 之间直通道路的造价为 $c_{ij}$，试设计一个总造价最小的铁路运输图．

把每个城镇看做是具有权 $w_{ij}=c_{ij}$ 的赋权图$G$的一个顶点，显然连接问题可以表述成：在赋权图$G$中，求出具有最小权的支撑树．

## 7.3　最短路问题

最短路问题就是在一个网络图中，给定一个起点，要求其到另一终点的权数最小的通路．它是网络分析中最重要的最优化问题之一．

## 7.3.1　最短路的标号算法

最短路的标号算法亦称狄克斯屈拉（E.W.Dijkstra）标号算法，是目前公认的求解最短路问题的较好算法．这种算法的基本思想可归纳如下：

（1）由于从起点到终点往往存在着许多不同的通路，可经过各不同的中间点，情况比较复杂，该算法在计算过程中，把所有的计算局限在关联边，即直接连接相关两点的边．这样就把一个复杂的问题转化成一系列的简单运算．

（2）从起点出发，依次寻找到起点距离最短的点，并以这最短距离作为该点的标号，每次寻找一个点．

（3）若已经计算出起点到若干点 $S=\{v_1,v_2,\cdots,v_i\}$ 的最短距离，在找下一点时，要充分考虑到经过 $S$ 集合中每一点的可能．也就是说，要考虑 $S$ 集合中的每一点到其他点的距离，从中选取最短距离的点．

（4）重复上述过程，直到终点的标号被找到，则可终止计算，找出最短路．如果要找起点到其他每一点的最短路，则必须计算到所有点的标号均找到为止．

下面我们通过一个简单的例子来说明这种算法．

**例7.3.1**　设有一批货物要从 $v_1$ 运到 $v_7$，边上的数字表示该段路的长，求最短的运输路线，网络图见图7–11.

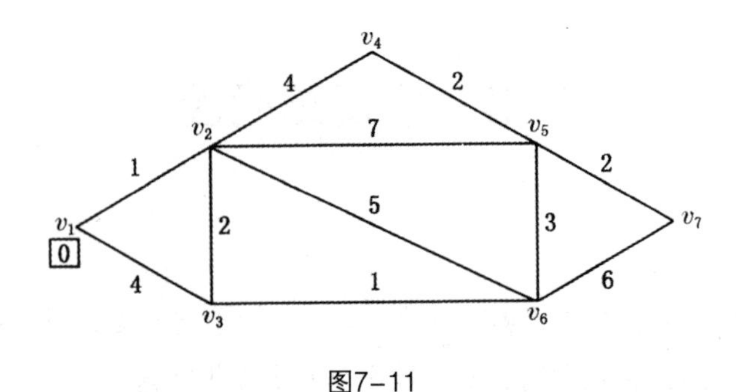


图7–11

**解**：给起点$v_1$标号0，记为$d(v_1)=0$，用于表示$v_1$是起点．$S=\{v_1\}$．下面依次寻找到$v_1$距离最短的点，这个过程可称为迭代．

第1步：找出与$S=\{v_1\}$中点直接相连的边，并计算出它们的距离．关联边有两条$e(v_1,v_2),e(v_1,v_3)$，相应的距离记为

$$k_{12}=d(v_1)+l(v_1,v_2)=0+1=1,$$

$$k_{13}=d(v_1)+l(v_1,v_3)=0+4=4\ .$$

取上述值中最小的，$\min\{k_{12},k_{13}\}=\{1,4\}=1$，对应的点为$v_2$，说明$v_2$是$v_1$到其他所有点距离最短的，则$v_2$进入$S$，$S=\{v_1,v_2\}$，$v_2$的标号$d(v_2)=1$，在图上标出，并把边$e(v_1,v_2)$加粗，用于表示$v_1$到$v_2$的最短距离是经过$e(v_1,v_2)$实现的，见图7–12.

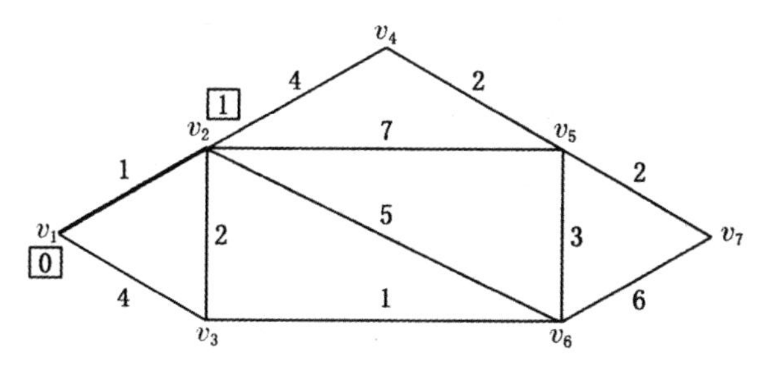


图7–12

第2步：找出与$S=\{v_1,v_2\}$中点直接相连的边，与$v_1$相连边有1条$e(v_1,v_3)$ [$e(v_1,v_2)$已加粗，$v_2$已进入$S$集，不用再考虑，一般情况下考虑的边必须是一端的点在$S$集，另一端的点不在$S$集．下同]．与$v_2$相连边有4条$e(v_2,v_3),e(v_2,v_4),e(v_2,v_5),e(v_2,v_6)$，分别计算$v_1$到相关各点的距离，得

$$k_{13}=d(v_1)+l(v_1,v_3)=0+4=4,$$

$$k_{23}=d(v_2)+l(v_2,v_3)=1+2=3,$$

$$k_{24}=d(v_2)+l(v_2,v_4)=1+4=5\ ,$$

$$k_{25}=d(v_2)+l(v_2,v_5)=1+7=8\ ,$$

$$k_{26}=d(v_2)+l(v_2,v_6)=1+5=6\ .$$

取上述值最小的，$\min\{k_{13},k_{23},k_{24},k_{25},k_{26}\}=3$，对应的点为$v_3$，说明除了$v_2$，$v_1$到其他各点的距离中，到$v_3$的距离最短，且为3．则$v_3$进入$S$，$S=\{v_1,v_2,v_3\}$，$v_3$的标号$d(v_3)=3$．由于$k_{23}=3$，即知这最短路是经过$v_2$的，将边$e(v_2,v_3)$加粗，见图7-13.

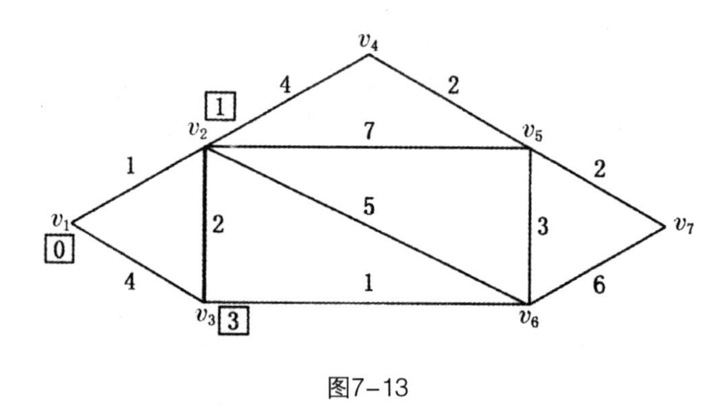


图7-13

第3步：找出与$S=\{v_1,v_2,v_3\}$中点直接相连的边，与$v_1$相连的边已没有了，与$v_2$相连的有$e(v_2,v_4),e(v_2,v_5),e(v_2,v_6)$，与$v_3$相连的边有$e(v_3,v_6)$，分别计算相关各点的距离

$$k_{24}=d(v_2)+l(v_2,v_4)=1+4=5\ ,$$

$$k_{25}=d(v_2)+l(v_2,v_5)=1+7=8\ ,$$

$$k_{26}=d(v_2)+l(v_2,v_6)=1+5=6\ ,$$

$$k_{36}=d(v_3)+l(v_3,v_6)=3+1=4\ .$$

取上述值最小的$\min\{k_{24},k_{25},k_{26},k_{36}\}=4$，对应的点是$v_6$，说明除了$S$集合

中的点，$v_1$到其他各点的距离中，最短的是$v_6$，且为4，则$v_6$进入$S$，$S=\{v_1,v_2,v_3,v_6\}$，$v_6$的标号为4．由$k_{36}=4$可知，由$v_1$到$v_6$的最短路是经过$v_3$的，将边$e(v_3,v_6)$加粗，见图7-14.

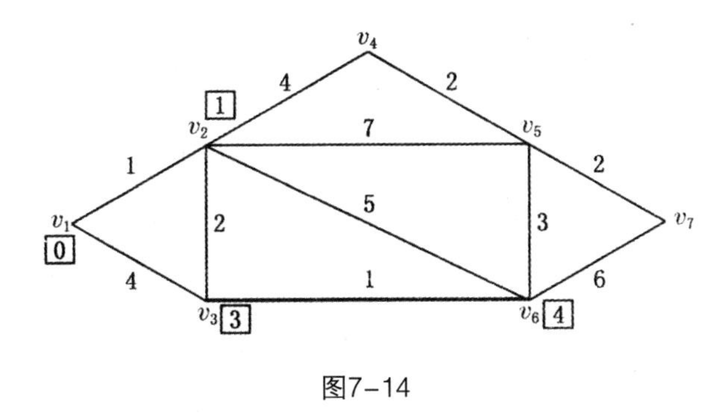


图7-14

第4步：同样找出与$S$集中各点相连的边，并计算如下

$$k_{24}=d(v_2)+l(v_2,v_4)=1+4=5\ ,$$

$$k_{25}=d(v_2)+l(v_2,v_5)=1+7=8\ ,$$

$$k_{65}=d(v_6)+l(v_6,v_5)=4+3=7\ ,$$

$$k_{67}=d(v_6)+l(v_6,v_7)=4+6=10\ .$$

最小的是$k_{24}=5$．则$v_4$进入$S$集，$S=\{v_1,v_2,v_3,v_6,v_4\}$，$v_4$的标号为5．加粗边$e(v_2,v_4)$，见图7-15.

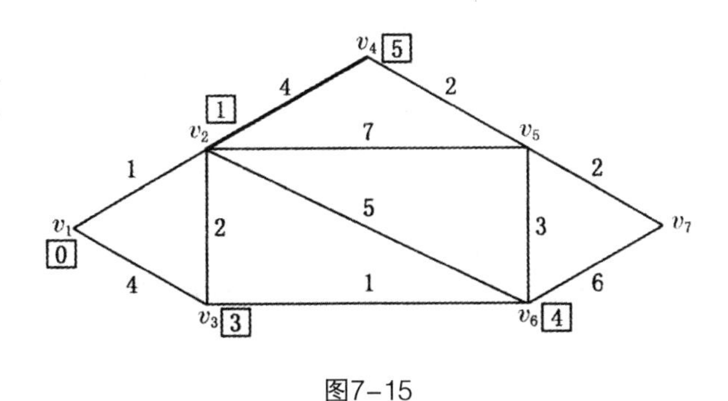


图7-15

第5步：与 $S$ 集关联的边的参数计算如下

$$k_{25}=d(v_2)+l(v_2,v_5)=1+7=8,$$

$$k_{45}=d(v_4)+l(v_4,v_5)=5+2=7,$$

$$k_{65}=d(v_6)+l(v_6,v_5)=4+3=7,$$

$$k_{67}=d(v_6)+l(v_6,v_7)=4+6=10.$$

最小值是7，且有 $k_{45}=k_{65}=7$，则 $v_5$ 进入 $S$ 集，$S=\{v_1,v_2,v_3,v_6,v_4,v_5\}$，$v_5$ 的标号为7，同时加粗边 $e(v_4,v_5)$ 和 $e(v_6,v_5)$，见图7–16.

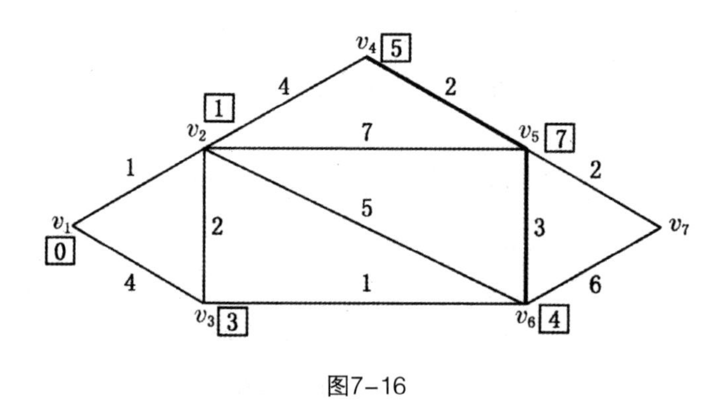


图7–16

第6步：与 $S$ 集关联的边的参数计算如下

$$k_{57}=d(v_5)+l(v_5,v_7)=7+2=9,$$

$$k_{67}=d(v_6)+l(v_6,v_7)=4+6=10.$$

最小值是9，则 $v_7$ 进入 $S$ 集，$v_7$ 的标号为9，加粗边 $e(v_5,v_7)$．由于 $v_7$ 是终点，故已算得 $v_1$ 到 $v_7$ 的最短距离是9．至于最短路，只要从 $v_1$ 点开始，沿加粗的边，找到通往 $v_7$ 的路，即为最短路．在图7–17中，容易找到 $v_1$ 到 $v_7$ 的最短通路，它们有两条，分别是

$$v_1 \to v_2 \to v_4 \to v_5 \to v_7 \text{，}$$

$$v_1 \to v_2 \to v_3 \to v_6 \to v_5 \to v_7 \text{ .}$$

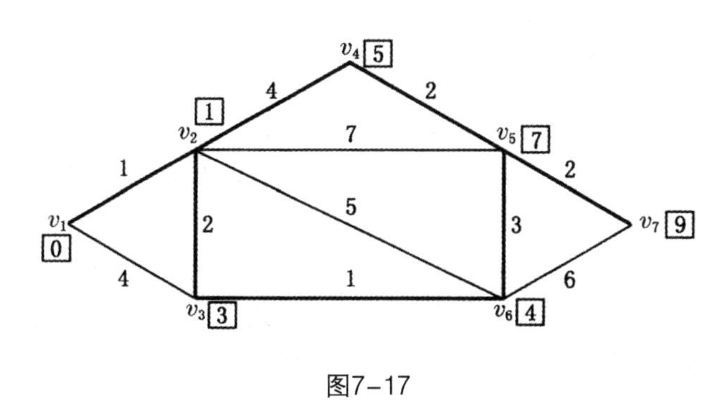


图7–17

## 7.3.2 最短路的矩阵算法

最短路的矩阵算法是将图表示成矩阵形式，然后利用矩阵表，计算出最短路. 矩阵算法的原理与标号算法完全相同，只是它采用了矩阵形式，显得更为简洁，特别有利于计算机计算.

最短路的矩阵算法步骤如下：

（1）将图表示成矩阵形式.

（2）确定起点行，将其标号确定为0，将相应的列在矩阵表中划去.

（3）在已标号的行中未划去的元素中，找出最小元素 $a_{ij}$ ，把它圈起来，此时把第 $j$ 列划去，同时给第 $j$ 行标号 $a_{ij}$ ，并把第 $j$ 行中未划去的各元素都加上 $a_{ij}$ . 这里标号的含义同标号算法.

（4）若还存在某些行未标号，则返回（3）. 如果各行均已获得标号(或终点行已获得标号)，则终止计算，并利用倒向追踪，求得自起点到各点的最短通路.

**例7.3.2** 某公司在最近5年里需要使用一种设备，表7-1为第一年到第五年的购买价格（单位：百元），表7-2为设备的使用维修费（单位：百元），问采用什么策略可使总费用最小？

表7-1

| 年号 | 1 | 2 | 3 | 4 | 5 |
|---|---|---|---|---|---|
| 价格 | 200 | 210 | 230 | 240 | 260 |

表7-2

| 年龄 | 0~1 | 1~2 | 2~3 | 3~4 | 4~5 |
|---|---|---|---|---|---|
| 价格 | 30 | 130 | 190 | 270 | 390 |

**解：** 构造一个设备更新问题的有向图，其中包含六个顶点 $v_1,v_2,v_3,v_4,v_5,v_6$，分别代表第1年到第5年的开始和第5年结束这6个时刻．从顶点 $v_i\left(i=1,2,3,4,5\right)$ 分别引出终点为 $v_{i+1},v_{i+2},\cdots,v_6$ 的有向边，边的权等于从起点时刻购进设备用到终点时刻所需的购买和维修费用总和(图7-18).

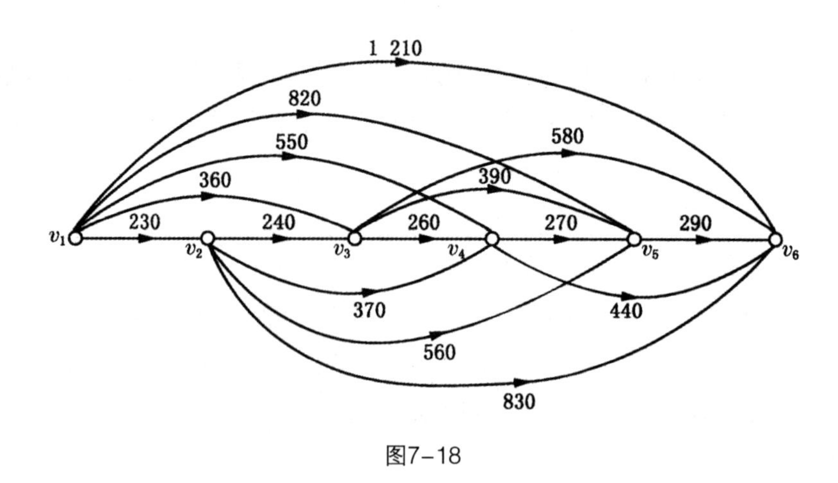


图7-18

这样，图7-18中从 $v_1$ 到 $v_6$ 的一条通路就代表一种更新设备的策略．例如，$P_1=\left(v_1,v_2,v_3,v_4,v_5,v_6\right)$ 表示在1，2，3，4，5年初购买设备，每台设备只用1年，$W(P_1)=1290$是这种策略的费用；又如$P_2=(v_1,v_3,v_6)$表示第1年初购买设备用到第3年初，第3年初购买设备用到第5年末，$W(P_2)=940$是这种策略的费用．要找到费用最小的设备更新策略，只要找出有向图7–18中$v_1$到$v_6$的最短路即可．

下面利用最短路的矩阵算法计算．

先列出图7–18的矩阵，并依次计算如下．

$$\begin{array}{c} \boxed{0} \\ \\ \\ \\ \\ \\ \end{array}\begin{pmatrix} 0 & 230 & 360 & 550 & 820 & 1\,210 \\ \infty & 0 & 240 & 370 & 560 & 830 \\ \infty & \infty & 0 & 260 & 390 & 580 \\ \infty & \infty & \infty & 0 & 270 & 440 \\ \infty & \infty & \infty & \infty & 0 & 290 \\ \infty & \infty & \infty & \infty & \infty & 0 \end{pmatrix}$$

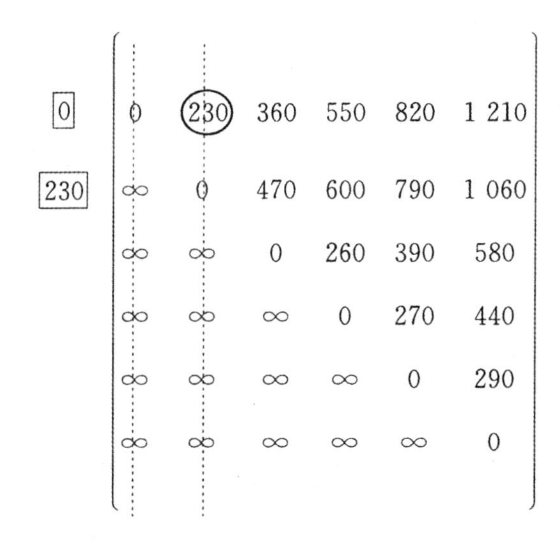

$$\begin{array}{c} \boxed{0} \\ \boxed{230} \\ \\ \\ \\ \\ \end{array}\begin{pmatrix} 0 & \textcircled{230} & 360 & 550 & 820 & 1\,210 \\ \infty & 0 & 470 & 600 & 790 & 1\,060 \\ \infty & \infty & 0 & 260 & 390 & 580 \\ \infty & \infty & \infty & 0 & 270 & 440 \\ \infty & \infty & \infty & \infty & 0 & 290 \\ \infty & \infty & \infty & \infty & \infty & 0 \end{pmatrix}$$

| | | | | | | |
|---|---|---|---|---|---|---|
| 0 | 0 | 230 | 360 | 550 | 820 | 1 210 |
| 230 | ∞ | 0 | 470 | 600 | 790 | 1 060 |
| 360 | ∞ | ∞ | 0 | 620 | 750 | 940 |
| | ∞ | ∞ | ∞ | 0 | 270 | 440 |
| | ∞ | ∞ | ∞ | ∞ | 0 | 290 |
| | ∞ | ∞ | ∞ | ∞ | ∞ | 0 |

| | | | | | | |
|---|---|---|---|---|---|---|
| 0 | 0 | 230 | 360 | 550 | 820 | 1 210 |
| 230 | ∞ | 0 | 470 | 600 | 790 | 1 060 |
| 360 | ∞ | ∞ | 0 | 620 | 750 | 940 |
| 550 | ∞ | ∞ | ∞ | 0 | 820 | 990 |
| | ∞ | ∞ | ∞ | ∞ | 0 | 290 |
| | ∞ | ∞ | ∞ | ∞ | ∞ | 0 |

| | | | | | | |
|---|---|---|---|---|---|---|
| 0 | 0 | 230 | 360 | 550 | 820 | 1 210 |
| 230 | ∞ | 0 | 470 | 600 | 790 | 1 060 |
| 360 | ∞ | ∞ | 0 | 620 | 750 | 940 |
| 550 | ∞ | ∞ | ∞ | 0 | 820 | 990 |
| 750 | ∞ | ∞ | ∞ | ∞ | 0 | 1 040 |
| | ∞ | ∞ | ∞ | ∞ | ∞ | 0 |

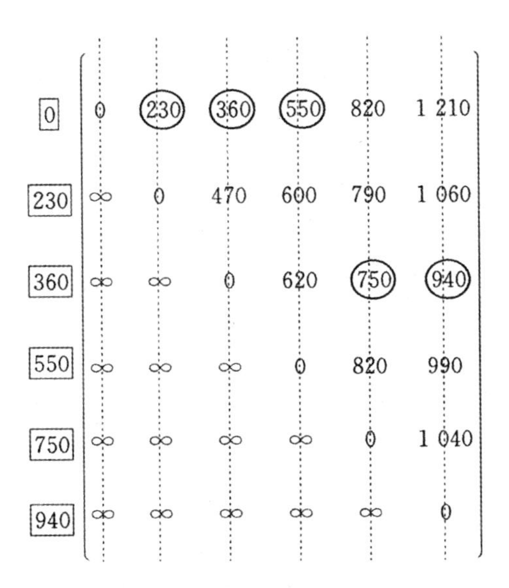


最短路为 $v_1 \to v_3 \to v_6$，最短距离为940. 即该问题的最优策略为第1年初与第3年初购买新设备，总费用为940(百元).

# 7.4　网络最大流问题

## 7.4.1　最大流的基本概念

设 $D=(V,A,W)$ 是一个网络，$X$和$Y$是$V$的非空真子集，如果 $d^-(X)=0$，$d^+(Y)=0$，则称$X$是$D$的源集合，$Y$是$D$的汇集合；并称$X$的顶点为$D$的源，$Y$的顶点是$D$的汇集合. 称 $I=V\setminus\{X\cup Y\}$ 中的顶点为$D$的中间顶点.

图7–19给出了一个具有两个 $x_1$ 和 $x_2$，三个汇 $y_1,y_2,y_3$ 以及四个中间顶点

$v_1, v_2, v_3$ 和 $v_4$ 的一个网络.

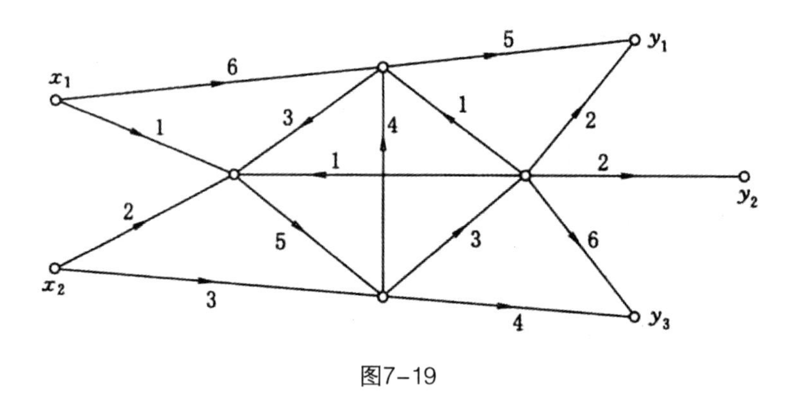


图7-19

设 $f$ 是一个定义在弧集$A$上的整数值函数，如果满足：

① $0 \le f(a) \le w(a)$ 对于所有 $a \in A$ .

② $f^-(v) = f^+(v)$ 对所有 $v \in I$ ，则称 $f$ 是网络$D$上的一个流．其中

$$f^+(v) = \sum_{(v,u)\in A} f(vu), f^-(v) = \sum_{(u,v)\in A} f(uv)$$

流的条件①称为约束条件，给出了一个自然的限制，即沿一条弧 $a$ ，流的值 $f(a)$ 不能超过这条弧的容量（权） $w(a)$ ；条件②称为守恒条件，即对于任何中间点 $v$ ，流入 $v$ 的量等于流出 $v$ 的量.

图7-20给出了网络上的一个流．其中弧 $e$ 上的值为 $(f(e),c(e))$ .

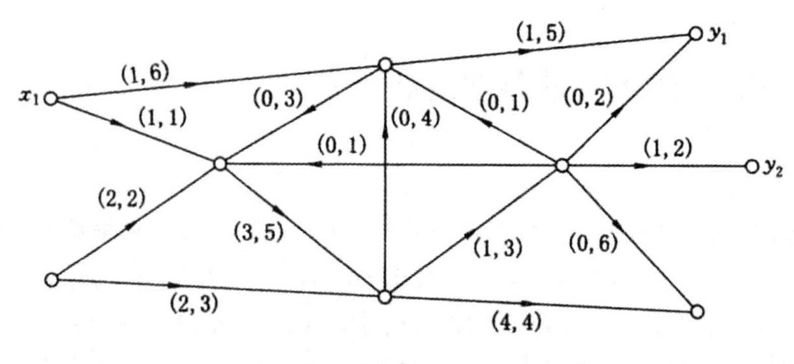


图7-20

每个网络至少有一个流．由于 $f(a)=0, a \in A$ ，所定义的函数显然是一个流，称为零流．零流也称为平凡流．

对于网络$D$的任何一个流 $f$ 来说，流出源集$X$的流量之和等于汇集$Y$的流量之和，这个共同的数称为流 $f$ 的值，用val $f$ 表示．可见val $f = f^+(X) = f^-(Y)$.

**定义7.4.1**　设 $S \leq V, \bar{S} = V \setminus S$ ，令

$$(S,\bar{S})=\{a \in A: a=uv, u \in S, v \in \bar{S}\}，(\bar{S},S)=\{a \in A: a=uv, u \in \bar{S}, v \in \bar{S}\}$$

则 $f^+(S)=\sum_{a\in(S,\bar{S})} f(a), f^-(S)=\sum_{a\in(S,\bar{S})} f(a)$，称为网络上的一个流 $f$ ．如果不存在流 $f'$ ，使得val $f$ <val $f'$ ，则称 $f$ 为最大流．

## 7.4.2　寻找最大流

在一个给定的网络上寻找一个最大流是网络优化的一个重要问题．对于任一个网络$D$都可以构造只有一个源和一个汇的网络$N$．具体做法如下：

在$N$中添加两个新的顶点$x$和$y$，用一条容量为$+\infty$的弧把$x$与$X$中的每一个顶点连接起来，用一条容量为$+\infty$的弧把$Y$中的每一个顶点与$y$连接起来．可见 $d^-(x)=0, d^+(y)=0$ .

图7-21给出相应于图7-19中网络$D$的新网络$N$.

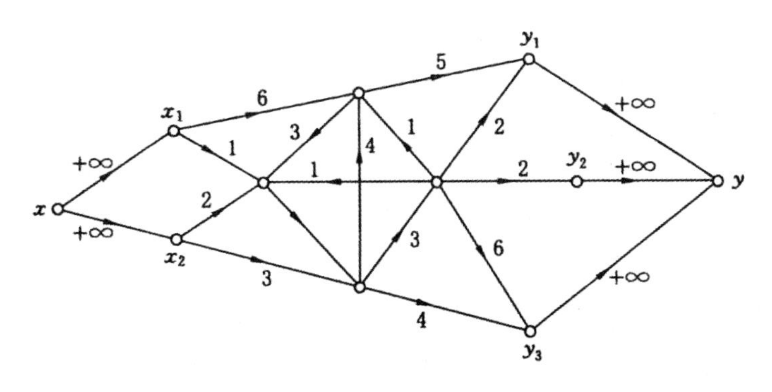


图7-21

**定义7.4.2** 设$G$是网络$N$的基本图，$P$是$G$的一条$(x,y)$-路，$P$中的一个弧$a$称为正向弧，如果它的方向是从$x$到$y$；否则称为反向弧．记$P^+$表示$P$中所有正向弧的集合，$P^-$表示$P$中所有反向弧的集合．给定$N$的一个流$f$，如果对$P$的每个正向弧$a$，有$f(a)<w(a)$，而对$P$的每个反向弧$a$，有$f(a)>0$，则称$P$是一个关于流$f$的增广路．

**定义7.4.3** 设$S$，$T$是网络$N$的两个顶点真子集，并且$x\in S, y\in T$．定义$N$的一个$(x,y)$-割为：$(S,T)=\{a\in A: a=(u,v), u\in S, v\in T\}$．

割$(S,T)$的容量为：$\operatorname{cap}(S,T)=\sum\limits_{a\in(S,T)} w(a)$．

**定理7.4.1** 对于$N$中的任意流$f$和任意割$(S,\bar{S})$，成立

$$\operatorname{val} f=f^+(S)-f^-(S)$$

**推论7.4.1** 对于$N$中任意流$B_1$和任意割$K=(S,\bar{S})$，$\operatorname{val} f\le \operatorname{cap}K$．

**推论7.4.2** 设$f$是$N$的一个流，$K$是$N$的一个割，满足$\operatorname{val} f=\operatorname{cap}K$，则$f$是最大流而$K$是最小割．

推论7.4.2的逆命题就是网络理论中的重要定理，称之为最大流最小割定理．为了证明这个定理，先介绍几个概念．

**定义7.4.4** 设$f$是$N$的一个流，$a\in A$，如果$f(a)=w(a)$，则称$a$是饱和弧，如果$f(a)<w(a)$，则称$a$为不饱和弧．

给定$N$一个路$P$，定义一个函数$l$（$P$）：

$$l(a)=\begin{cases} w(a)-f(a), a\text{是}P\text{的正向弧} \\ f(a), a\text{是}P\text{的反向弧} \end{cases}$$

令

$$l(P)=\min_{a\in A(p)} l(a)$$

如果$l(P)$=0，则称$P$是$f$-饱和路；若$l(P)>0$，则称$P$是$f$-不饱和的路．

显然，$f$-增广路是一条从$x$到$y$的$f$-不饱和路．

**定理7.4.2** 设$f$是$N$的一个流，则$f$是最大流当且仅当$N$不存在$f$-增广路．

**定理7.4.3**（最大流最小割定理） 在任何网络中，最大流的值等于最小割的容量.

# 7.5 用计算机求解网络规划问题

## 7.5.1 网络优化几个问题的统一模型

在有$n$个节点的网络$D=(V,A,w,c)$中，对每个节点$v_i$指定的一个实数$b_i$，若$b_i>0$，则称$v_i$为发点，$b_i$的值为$v_i$的供给量；若$b_i<0$，则称$v_i$为收点，$-b_i$的值为$v_i$的需求量；若$b_i=0$，则称$v_i$为(纯)转运点. 每条弧$(v_i,v_j)$的权$w_{ij}$为弧上流量的上界，称为弧的容量，$c_{ij}$为单位流量的费用. 所谓最小费用流问题是确定各弧上的流量$x_{ij}\geq 0$，使满足节点的供需要求不超过上界限制，又使总的费用最小. 其数学模型是一个线性规划模型：

$$\min z=\sum_{(v_i,v_j)\in A} c_{ij}x_{ij} \tag{7-5-1}$$

$$\text{s.t.}\begin{cases}\sum_{j=1}^{n}x_{ij}-\sum_{j=1}^{n}x_{ji}=b_i,i,j=1,2,\cdots,n & (7\text{-}5\text{-}2)\\ 0\leq x_{ij}\leq w_{ij},i,j=1,2,\cdots,n & (7\text{-}5\text{-}3)\end{cases}$$

约束条件中的（7-5-2）称为流量守恒方程，$\sum_{j=1}^{n}x_{ij}$表示的自节点$v_i$的总流出量，$\sum_{j=1}^{n}x_{ji}$表示到节点$v_i$的总流入量，两者之差$b_i$为该点的净流量. 若各点的净流量之和$\sum_{i=1}^{n}b_i=0$，则称为供求平衡的最小费用流问题. 我们总可以假定供求是平衡的，否则若$\sum_{i=1}^{n} b_i > 0$，则可虚设节点，吸收全部过剩的供给量，转化成平衡问题.

## 7.5.2 用LINGO解带有容约束的转运问题

**例7.5.1** 某种物资有两个产地$v_1,v_2$，两个转运点$v_3,v_4$，三个销地$v_5,v_6,v_7$. 产地的供给量都是50，销地的需求量分别为30，40，30. 运输网络$D$如图7–22所示，弧旁数字为$(c_{ij},w_{ij})$.$M$表示足够大的正数. 试制定总运费最小的运输方案.

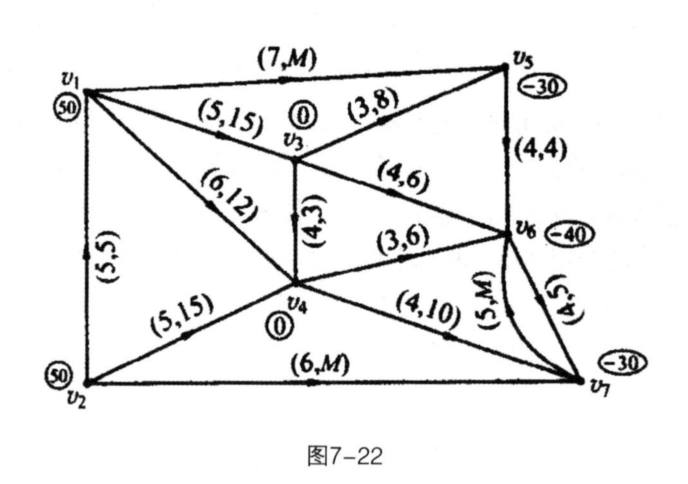


图7–22

**解**：设沿弧$(v_i,v_j)$的运输量为$x_{ij}$，其数学模型为

$$\begin{aligned}\min z = & 5x_{13} + 6x_{14} + 7x_{15} + 5x_{21} + 5x_{24} + 6x_{27} + 4x_{34} + 3x_{35} \\ & +4x_{36} + 3x_{45} + 4x_{47} + 4x_{56} + 4x_{57} + 5x_{76}\end{aligned}$$

$$
\text{s.t.}\begin{cases}
x_{13}+x_{14}+x_{15}-x_{21}=50\\
x_{21}+x_{24}+x_{27}=50\\
x_{34}+x_{35}+x_{36}-x_{13}=0\\
x_{46}+x_{47}-x_{14}-x_{24}-x_{34}=0\\
x_{56}-x_{15}-x_{35}=-30\\
x_{67}-x_{36}-x_{46}-x_{56}-x_{76}=-40\\
x_{76}-x_{27}-x_{47}-x_{67}=-30\\
0\le x_{13}\le 15, 0\le x_{14}\le 12, 0\le x_{15}\le M, 0\le x_{24}\le 15\\
0\le x_{27}\le M, 0\le x_{34}\le 3, 0\le x_{35}\le 8, 0\le x_{36}\le 6\\
0\le x_{46}\le 6, 0\le x_{47}\le 10, 0\le x_{56}\le 4, 0\le x_{67}\le 5\\
0\le x_{76}\le M
\end{cases}
$$

LINGO程序如下：

```
MODEL:
SETS:
    Nodes/1..7/:b;
    Path(Nodes,Nodes)/1,3      1,4      1,5
                      2,1      2,4      2,7
                      3,4      3,5      3,6
                      4,6      4,7      5,6      6,7      7,6/:C,w,X,b1;
ENDSETS
    Min = @Sum(Path;C* X);
    @For(Nodes(i) : @Sum(Path(i,j):X(i,j))-@Sum(Path(j,i):X(j,i)) = b(i));
    @For(Path;@Bnd(b1,X,w));
DATA:
    b1=0;
    w= 15   12   100000
        5   15   10000
        3   8    6
        6   10   4   5   100000;
```

```
    C=5  6  7
      5  5  6
      4  3  4
      3  4  4  4  5
    b=50  50  0  0  -30  -40  -30;
ENDDATA
END
```

注意，生成集Path只包含了(Nodes，Nodes)中部分有序对，因此需要将成员逐个列出．其中1，3表示$(v_1,v_3)$，1，4表示$(v_1,v_4)$，等等．成员之间用空格隔开．计算结果如下：

```
Global optimal solution found at iteration:     3
objective value:              822. 0000
Variable      Value         Reduced Cost
X(1,3)        6.000000      0.000000
X(1,4)        10.00000      0.000000
X(1,5)        34.00000      0.000000
X(2,1)        0.000000      0.000000
X(2,4)        0.000000      9.000000
X(2,7)        50.00000      0.000000
X(3,4)        0.000000      3.000000
X(3,5)        0.000000      1.000000
X(3,6)        6.000000      -6.000000
X(4,6)        6.000000      -6.000000
X(4,7)        4.000000      0.000000
X(5,6)        4.000000      -4.000000
X(6,7)        0.000000      9.000000
X(7,6)        24.00000      0.000000
```

## 7.5.3　用LINGO解最短路问题

在模型（7–5–1）~（7–5–3）中，取费用系数$c_{ij}$为各弧的长度，令$b_1$=1，$b_n$=–1，其余$b_i$=0，设$x_{ij}$为0–1变量，取消各弧的容量限制（或者$w_{ij}$=1），得

$$\min z = \sum_{(v_i,v_j)\in A} c_{ij}x_{ij} \qquad (7\text{–}5\text{–}4)$$

$$\text{s.t.}\begin{cases}\sum_{j=1}^{n}x_{ij}-\sum_{j=1}^{n}x_{ji}=\begin{cases}1,i=1\\0,i=2,3,\cdots,n-1b_i,n=1,2,\cdots,n\\-1,i=n\end{cases} & (7\text{–}5\text{–}5)\\x_{ij}=0或1,i,j=1,2,\cdots,n & (7\text{–}5\text{–}6)\end{cases}$$

该模型的含义是把一个单位的货物由$v_1$运到$v_n$，由于$c_{ij}$是弧的长度，所以货物必沿最短的弧流动，结果流量为1的各弧构成从$v_1$到$v_n$的最短路.

**例7.5.2**　某公司筹集资金一千万元用来研究一种新产品，研制工作可以分为4个阶段，每个阶段有2或3个方案，所需时间（单位：月）和经费（单位：百万元）见表7–3．试制定一个工作计划，使在经费许可的条件下研制时间最短.

表7–3

| 方案 | 阶段一 | | 阶段二 | | 阶段三 | | 阶段四 | |
|---|---|---|---|---|---|---|---|---|
| | 时间 | 费用 | 时间 | 费用 | 时间 | 费用 | 时间 | 费用 |
| A | 5 | 1 | 3 | 2 | 2 | 1 | 5 | 3 |
| B | 4 | 2 | 2 | 3 | 1 | 2 | 3 | 4 |
| C | 2 | 3 | | | | | | |

**解**：化为最短路问题．如图7–23所示，网络节点用两个数表示：$K$和$S$，

其中$K$表示工作处于第$K$阶段，$S$表示留给以后各阶段的费用．弧权为时间．括号内为相应的方案．增添一个虚拟节点$v_{18}$．求$v_1$到$v_{18}$的最短路．

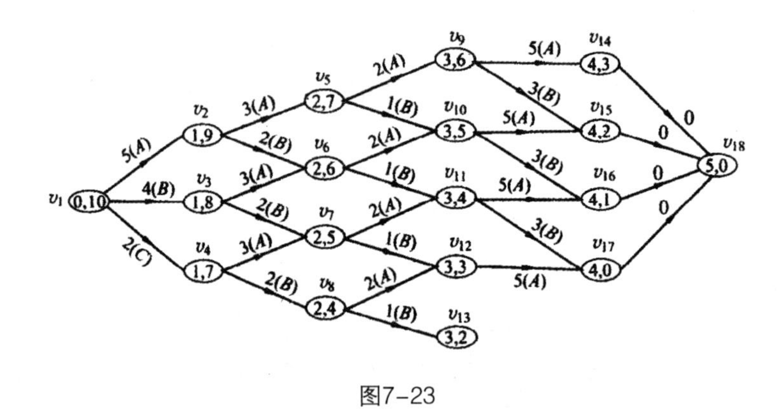


图7–23

计算程序；

```
MODEL:
SETS:
    Noder/1..18/ :b;
    Arcs(Noder,Noder)/  1,2 1,3 1,4 2,5 2,6 3,6 3,7 4,7 4,8
                        5,9 5,10 6,10 6,11 7,11 7,12 8,12 8,13
                        9,14 9,15 10,15 10,16 11,16 11,17 12,17
                        14,18 15,18 16,18 17,18/ :C,X;
ENDSETS
    Min = @Sum(Arcs:C*X);
    @For(Noder(i) : @Sum(Arcs(i,j) :X(i,j))–@Sun(Arcs(j,i):X(j,i)) = b(i));
    @For(Arcs; @Bin(X));
DATA:
    b = 1 0 0 0 0 0 0 0 0 0
        0 0 0 0 0 0 0 –1;
    C= 5 4 2 3 2 3 2 3 2
       2 1 2 1 2 1 2 1
```

```
    5 3 5 3 5 3 5
    0 0 0 0 ;
ENDDATA
END
```

计算结果:

Global optimal solution found at iteration: 0

Objective value: 10. 00000

| Variable | Value | Reduced Cost |
|---|---|---|
| X(1,2) | 0.000000 | 5.000000 |
| X(1,3) | 0.000000 | 4.000000 |
| X(1,4) | 1.000000 | 2.000000 |
| X(2,5) | 0.000000 | 3.000000 |
| X(2,6) | 0.000000 | 2.000000 |
| X(3,6) | 0.000000 | 3.000000 |
| X(3,7) | 0.000000 | 2.000000 |
| X(4,7) | 1.000000 | 3.000000 |
| X(4,8) | 0.000000 | 2.000000 |
| X(5,9) | 0.000000 | 2.000000 |
| X(5,10) | 0.000000 | 1.000000 |
| X(6,10) | 0.000000 | 2.000000 |
| X(6,11) | 0.000000 | 1.000000 |
| X(7,11) | 1.000000 | 2.000000 |
| X(7,12) | 0.000000 | 1.000000 |
| X(8,12) | 0.000000 | 2.000000 |
| X(8,13) | 0.000000 | 0.000000 |
| X(9,14) | 0.000000 | 5.000000 |
| X(9,15) | 0.000000 | 3.000000 |
| X(10,15) | 0.000000 | 5.000000 |
| X(10,16) | 0.000000 | 3.000000 |
| X(11,16) | 0.000000 | 5.000000 |

| | | |
|---|---|---|
| X(11,17) | 1.000000 | 3.000000 |
| X(12,17) | 0.000000 | 5.000000 |
| X(14,18) | 0.000000 | 0.000000 |
| X(15,18) | 0.000000 | 0.000000 |
| X(16,18) | 0.000000 | 0.000000 |
| X(17,18) | 1.000000 | 1.000000 |

即在第一阶段采用C方案，第二阶段采用A方案，第三段阶采用A方案，第四阶段采用B方案，需用时间为10个月.

**例7.5.3** 某地有7个村庄，相互间的道路及距离如图7-24所示. 现要修建一个或两个商店和一所小学. 问：(1) 若建一个商店，该建在哪个村庄，能使各村都离它较近? 修建两个呢? (2) 已知7个村庄的小学生分别为40，25，45，30，20，35，50人，小学建在哪个村庄，能使各村学生走的总路程最短?

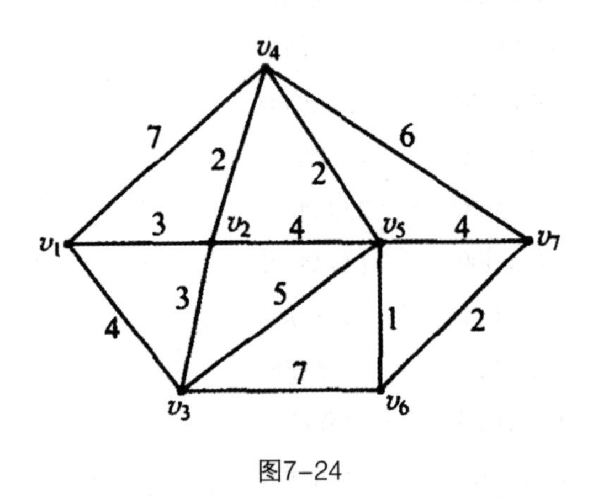


图7-24

**解：** 先计算任意两村的距离. 这是无向图，可将每条边$\{v_i,v_j\}$变成方向相反的两条弧$\left(v_i,v_j\right)$和$\left(v_j,v_i\right)$，它们的权与边$\{v_j\ v_i\}$的权相同. 用LINGO计算$v_1$到$v_7$的最短路，从中得出路上各节点的距离. 再对程序做小调整，求出其他距离. 程序如下：

```
MODEL:
SETS:
```

```
    Nodes/1..7/:b;
    Arcs( Nodes , Nodes)/1,2 1,3 1,4 2,3 2.4 2.5
                         3,5 3,6 4,5 4,7
                         5,6 5,7 6,7
                         2,1 3,1 4,1 3,2 4,2 5,2
                         5,3 6,3 5.4 7,4
                         6.5 7,5 7.6/ :W,X;
ENDSETS
    Min = @Sum(Arcs(i,j) :W(i,j) * X(i,j));
    @For(Nodes(i) : @Sum(Arcs(i,j):X(i,j)) = @Sum(Arcs(j,i):X(j,i)) + b(i));
    @For(Arcst @Bin(X));
DATA: .
    b= 1,0,0,0,0,0,-1;
    W=3 4 7 3 2 4
      5 7 2 6
      1 4 2
      3 4 7 3 2 4
      5 7 2 6
      1 4 2;
ENDDATA
END
```

计算得知，$P_{17}=v_1v_2v_3v_4v_5v_6v_7$，$w(P_{17})=10$．将$b$的值改为“$b$=0 0 1 0 0 0 −1；”可求得$P_{37}=v_3v_4v_5v_6v_7, w(P_{37})=8$，等等．各村的距离见表7–4

表7–4

| $d_{ij}$ | $v_1$ | $v_2$ | $v_3$ | $v_4$ | $v_5$ | $v_6$ | $v_7$ | $l_i$ |
|---|---|---|---|---|---|---|---|---|
| $v_1$ | 0 | 3 | 4 | 5 | 7 | 8 | 10 | 10 |
| $v_2$ | 3 | 0 | 3 | 2 | 4 | 5 | 7 | 7 |
| $v_3$ | 4 | 3 | 0 | 5 | 5 | 6 | 8 | 8 |

续表

| $d_{ij}$ | $v_1$ | $v_2$ | $v_3$ | $v_4$ | $v_5$ | $v_6$ | $v_7$ | $l_i$ |
|---|---|---|---|---|---|---|---|---|
| $v_4$ | 5 | 2 | 5 | 0 | 2 | 3 | 5 | 5 |
| $v_5$ | 7 | 4 | 5 | 2 | 0 | 1 | 3 | 7 |
| $v_6$ | 8 | 5 | 6 | 3 | 1 | 0 | 2 | 8 |
| $v_7$ | 10 | 7 | 8 | 5 | 3 | 2 | 0 | 10 |

（1）只建一个商店时，应该使到商店最远的村庄的距离尽可能小．令

$$l_i = \max_{1\le j\le 7}\left\{d_{ij}\right\}, i = 1,2,\cdots,7$$

$l_i$表示$v_i$到各点的最大距离．再求

$$l_k = \max_{1\le i\le 7}\left\{l_i\right\}$$

$v_k$应为商店所在地．$l_i$的值在表7–4的最右边一列．$l_4 = 5$最小，商店应建在$v_4$．

考虑建两个商店，设建在$v_i$和$v_j$，$1\le i, j\le 7$．那么村庄$v_k$的人买东西应去离他最近的商店(假定两商店经营情况相同)，即当$d_{rk} = \min\left\{d_{ik}, d_{jk}\right\}$时，他去村庄$v_r$ ($r = i$或$j$)，因而各村购买商品的最大距离应为

$$l_{ij} = \max_{1\le k\le 7}\min_{i,j}\left\{d_{ik}, d_{jk}\right\}$$

例如，假设商店在$v_1$和$v_3$，那么

$$\begin{aligned} l_{13} &= \max\{\min\{0,4\},\min\{3,3\},\min\{4,0\},\min\{5,5\},\min\{7,5\},\min\{8,6\},\\ &\quad \min\{10,8\}\}\\ &= \max\{0,3,0,5,5,6,8\} = 8 \end{aligned}$$

这就是说，此时 $v_7$ 的人买东西最远，距离是8．将 $l_{ij}$ 汇总在表7–5中．

表7–5

| $l_{ij}$ | $v_1$ | $v_2$ | $v_3$ | $v_4$ | $v_5$ | $v_6$ | $v_7$ |
|---|---|---|---|---|---|---|---|
| $v_1$ | 10 | 7 | 8 | 5 | 4 | 4 | 5 |
| $v_2$ |  | 7 | 7 | 5 | 3 | 3 | 3 |
| $v_3$ |  |  | 8 | 5 | 4 | 4 | 5 |
| $v_4$ |  |  |  | 5 | 5 | 5 | 5 |
| $v_5$ |  |  |  |  | 7 | 7 | 7 |
| $v_6$ |  |  |  |  |  | 8 | 8 |
| $v_7$ |  |  |  |  |  |  | 10 |

故有三个方案：$v_2$ 和 $v_5$，$v_2$ 和 $v_6$，$v_2$ 和 $v_7$，最远距离为3.

（2）假设将小学建在 $v_i$，则所有村庄 $v_j\left(j=1,2,\cdots,7\right)$ 到 $v_i$ 距离的加权和(权重为学生人数 $w_j$)为

$$h\left(v_i\right)=\sum_{j=1}^{7}w_j d_{ij},i=1,2,\cdots,7$$

由

$$h\left(v_k\right)=\min_{1\le i\le 7}\left\{h\left(v_i\right)\right\}$$

确定 $v_k$ 为小学所在地．计算 $h\left(v_i\right)$ 结果见表7–6．因 $h\left(v_5\right)$=850最小，故小学应建在村庄 $v_5$.

表7-6

| 村庄 | $h(v_i)$ |
| --- | --- |
| $v_1$ | 1325 |
| $v_2$ | 920 |
| $v_3$ | 1095 |
| $v_4$ | 870 |
| $v_5$ | 850 |
| $v_6$ | 925 |
| $v_7$ | 1215 |

### 7.5.4 用LINGO解最大流问题

在有一个发点 $v_1$ 和一个收点 $v_n$ 的最大流问题中，添加一条从 $v_n$ 到 $v_1$ 的弧 $(v_n,v_1)$，该弧没有流量限制，且 $c_{n1}$ =−1，其他 $c_{ij}$ =0，每个节点的流入量等于流出量，即 $b_i$ =0. $v_n$ 到 $v_1$ 的流量 $x_{n1}$ 等于可行流$X$的流值$F(X)$. 由于 $b_i$ =0，流入 $v_1$ 的流量会以零费用流回 $v_n$，目标值越小，$x_{n1}$ 就越大. 在不超过各弧流通能力的条件之下，问题的最优解给出最大流值在各弧上的分配量. 所以最大流问题的数学模型为：

$$\min z = -x_{n1}$$

$$\text{s.t.}\begin{cases} \sum_{j=1}^{n} x_{ij} - \sum_{j=1}^{n} x_{ji} = 0, i = 1,2,\cdots,n \\ 0 \le x_{ij} \le w_{ij}, i,j = 1,2,\cdots,n \\ w_{n1} = M \end{cases}$$

**例7.5.4**　某城区有一街道网络（图7–25），其中有三条街道尚未定向．管理部门想给这三条街道标上单向行驶的交通标志，使 $v_1$ 到 $v_6$ 的车流量最大．请问如何确定方向？弧旁数字表示最大车流量．

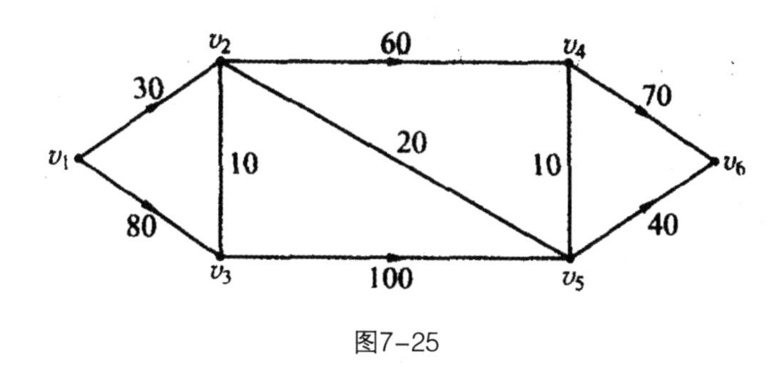


图7–25

**解：**将未定向的每一条边变成方向相反的两条弧，求网络最大流，然后根据流量方向确定单向行驶标志程序及计算结果如下：

```
MODEL:
SETS:
    Nodes/1..6/;
    Street(Nodes,Nodes)/1,2 1,3 2,3 2,4 2,5
                        3,2 3,5 4,5 4,6
                        5,2 5,4 5,6 6,1/:w,X;
ENDSETS
    Max = X(6,1);
    @For(Nodes(i):@Sum(Street(i,j):X(i,j)) = @Sum(Street(j,i):X(j,i)));
    @For(Street(i,j) :X(i,j)<w(i,j));
DATA:
    w=30 80 10 60 20
       10 100 10 70
       20 10 40 10000;
ENDDATA
END
```

Global optimal solution found at iteration: 10

Objective value: 110.0000

| Variable | Value | Reduced Cost |
|---|---|---|
| X(1,2) | 30.00000 | 0.000000 |
| X(1,3) | 80.00000 | 0.000000 |
| X(2,3) | 0.000000 | 0.000000 |
| X(2,4) | 60.00000 | 0.000000 |
| X(2,5) | 0.000000 | 0.00000 |
| X(3,2) | 10.00000 | 0.000000 |
| X(3,5) | 70.00000 | 0.000000 |
| X(4,5) | 0.000000 | 0.000000 |
| X(4,6) | 70.00000 | 0.000000 |
| X(5,2) | 20.00000 | 0.000000 |
| X(5,4) | 10.00000 | 0.000000 |
| X(5,6) | 40.00000 | 0.000000 |
| X(6,1) | 110.0000 | 0.000000 |

由计算结果得知，在流值达到最大时，$x_{32}=10, x_{52}=20, x_{54}=10$，弧$(v_2,v_3)$，$(v_2,v_5)$，$(v_4,v_5)$上的流量为零，故三条街道的标志方向应为：$v_3 \to v_2, v_5 \to v_2$，$v_5 \to v_4$.

## 7.6 案例分析及WinQSB软件应用

WinQSB中的网络模型模块的启动程序为：开始 / 程序 / WinQSB / Network Modeling / File / New Problem. 网络模型包括运筹学中的运输问题、分配问题和图论，是一个重要的模块.

**例7.6.1** 如图7-26所示，用WinQSB软件求解：（1）最小部分树；

（2）分别求$v_1$到$v_{10}$和$v_9$到$v_2$的最短路及最短路长.

**解:**（1）启动程序，选择Minimal Spanning Tree，输入节点数10. 对照图7-26输入图7-27所示的数据，两点间的权数只输入一次（上三角）.

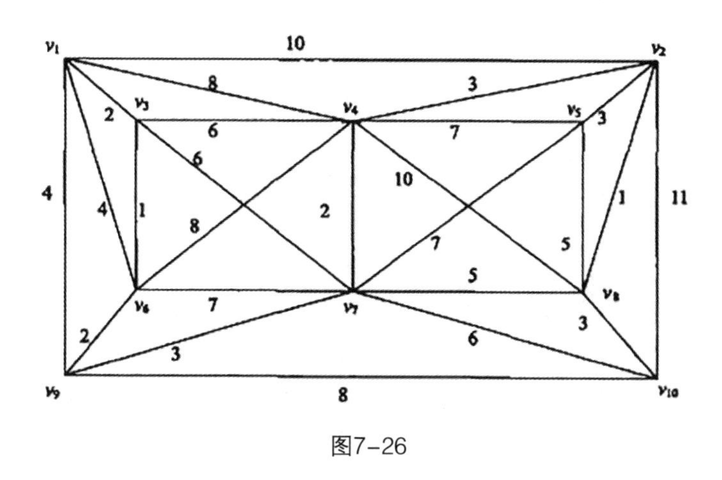


图7-26

| From \ To | v1 | v2 | v3 | v4 | v5 | v6 | v7 | v8 | v9 | v10 |
|---|---|---|---|---|---|---|---|---|---|---|
| v1 | | 10 | 2 | 8 | | | | | 4 | |
| v2 | | | | 3 | 3 | | | 1 | | 11 |
| v3 | | | | 6 | | 1 | 6 | | | |
| v4 | | | | | 7 | 8 | 2 | 10 | | |
| v5 | | | | | | | 7 | 5 | | |
| v6 | | | | | | | 7 | | 2 | |
| v7 | | | | | | | | 5 | 3 | 6 |
| v8 | | | | | | | | | | 3 |
| v9 | | | | | | | | | | 8 |
| v10 | | | | | | | | | | |

图7-27

单击菜单栏Solve and Analyze，输出图7-27最小树结果，最小树长为20（图7-28），选择Results-Graphic Solution命令，显示最小部分树形，如图7-29所示.

| 21-20 | From Node | Connect To | Distance/Cost | | From Node | Connect To | Distance/Cost |
|---|---|---|---|---|---|---|---|
| 1 | v2 | v4 | 3 | 6 | v7 | v9 | 3 |
| 2 | v1 | v3 | 2 | 7 | v2 | v8 | 1 |
| 3 | v4 | v7 | 2 | 8 | v6 | v9 | 2 |
| 4 | v2 | v5 | 3 | 9 | v8 | v10 | 3 |
| 5 | v3 | v6 | 1 | | | | |
| | Total | Minimal | Connected | Distance | or Cost | = | 20 |

图7-28

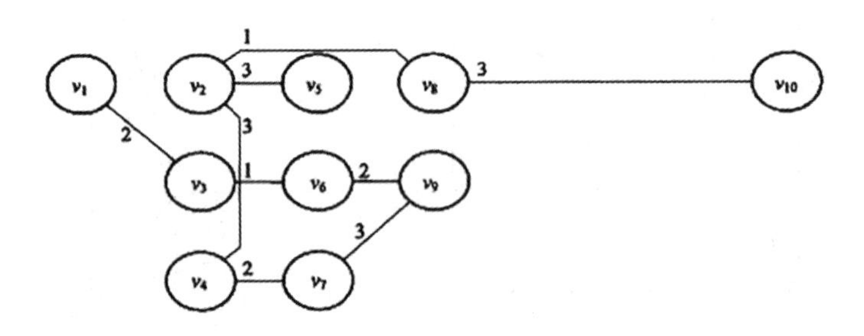


图7-29

(2)选择edit→Problem Type→Shortest Path Problem命令，如果是有向图就按弧的方向输入数据，本例是无向图，每一条边必须输入两次，无向边变为两条方向相反的弧，如图7-30所示．单击Solve and Analyze后系统提示用户选择图的起点和终点，系统默认从第一个点到最后一个点，用户选择后系统输出 $v_1$ 到 $v_{10}$ 的路径和路长，如图7-31所示．选择Results-Graphic Solution命令，显示 $v_1$ 到各点的最短路线图．同理，选择 $v_9$ 到 $v_2$ 得到图7-32， $v_9$ 到 $v_2$ 最短路长为5，路径为 $v_9 \to v_6 \to v_3 \to v_2$ .

| From \ To | v1 | v2 | v3 | v4 | v5 | v6 | v7 | v8 | v9 | v10 |
|---|---|---|---|---|---|---|---|---|---|---|
| v1 | | 10 | 2 | 8 | | | | | 4 | |
| v2 | 10 | | | 3 | 3 | | | 1 | | 11 |
| v3 | 2 | 2 | | 6 | | 1 | 6 | | | |
| v4 | 8 | 3 | 6 | | 7 | 8 | 2 | 10 | | |
| v5 | | 3 | | 7 | | | 7 | 5 | | |
| v6 | | | 1 | 8 | | | 7 | | 2 | |
| v7 | | | 6 | 2 | 7 | 7 | | 5 | 3 | 6 |
| v8 | | 1 | | 10 | 5 | | 5 | | | 3 |
| v9 | 4 | | | | | 2 | 3 | | | 8 |
| v10 | | 11 | | | | | 6 | 3 | 8 | |

图7-30

| 7-21-201 | From | To | Distance/Cost | Cumulative Distance/Cost |
|---|---|---|---|---|
| 1 | v1 | v3 | 2 | 2 |
| 2 | v3 | v2 | 2 | 4 |
| 3 | v2 | v8 | 1 | 5 |
| 4 | v8 | v10 | 3 | 8 |
| | From v1 | To v10 | Distance/Cost | = 8 |

图7-31

| 7-21-201 | From | To | Distance/Cost | Cumulative Distance/Cost |
|---|---|---|---|---|
| 1 | v9 | v6 | 2 | 2 |
| 2 | v6 | v3 | 1 | 3 |
| 3 | v3 | v2 | 2 | 5 |
| | From v9 | To v2 | Distance/Cost | = 5 |

图7-32

# 参考文献

[1]别文群，缪兴锋，李超锋等．物流运筹学方法求解软件与应用案例[M]．广州：华南理工大学出版社，2007.

[2]邓成梁．运筹学的原理和方法[M].3版．武汉：华中科技大学出版社，2014.

[3]范玉妹，徐尔，谢铁军．运筹学通论[M]．北京：冶金工业出版社，2009.

[4]傅家良．运筹学方法与模型[M].2版．上海：复旦大学出版社，2014.

[5]傅家良．运筹学方法与模型[M]．上海：复旦大学出版社，2006.

[6]高羽佳．运筹学原理[M]．北京：中国农业大学出版社，2016.

[7]葛久研．运筹学引论[M]．南京：河海大学出版社，2017.

[8]顾天鸿，王茁．运筹学基础[M]．北京：中国铁道出版社，2019.

[9]韩中庚．实用运筹学 模型、方法与计算[M]．北京：清华大学出版社，2007.

[10]黄红选．运筹学 数学规划[M]．北京：清华大学出版社，2011.

[11]李景华．运筹学 理论、模型与Excel求解[M]．上海：上海财经大学出版社，2012.

[12]李牧南．运筹学实验教程：典型的建模、计算方法及软件使用[M]．广州：华南理工大学出版社，2008.

[13]李万涛，孙李红．运筹学[M]．北京：中国铁道出版社，2018.

[14]刘春梅．管理运筹学基础、技术及Excel建模实践[M]．上海：格致出版社、上海人民出版社，2016.

[15]刘春梅．管理运筹学基础、技术及Excel建模实践[M]．北京：清华大学出版社，2010.

[16]刘静华，薄秋实．运筹学上机实验指导[M]．北京：科学出版社，2015.

[17]王桂强．运筹学上机指南与案例导航（用Excel工具）[M]．上海：格致出版社，2010.

[18]王桂强．运筹学计算机操作简明教程[M]．中国矿业大学出版社，2019.

[19]王文秀，祝远华．实用运筹学[M]．北京：航空工业出版社，2020.

[20]吴凤平．运筹学 方法与应用[M]．南京：河海大学出版社，2009.

[21]肖勇波．运筹学 原理、工具及应用[M]．北京：机械工业出版社，2021.

[22]徐家旺，孙志峰．实用管理运筹学[M]．北京：高等教育出版社，2009.

[23]徐玖平，胡知能．运筹学 数据・模型・决策[M].2版．北京：科学出版社，2009.

[24]杨文鹏，贺兴时，杨选良．新编运筹学教程 模型、解法及计算机实现[M]．西安：陕西科学技术出版社，2005.

[25]叶向．实用运筹学 运用Excel 2010建模和求解[M].2版．北京：中国人民大学出版社，2013.

[26]叶向．实用运筹学：运用EXCEL建模和求解[M]．北京：中国人民大学出版社，2007.

[27]叶向．实用运筹学上机实验指导与解题指导[M].2版．北京：中国人民大学出版社，2013.

[28]张宏斌．运筹学方法及其应用[M]．北京：北京交通大学出版社；清华大学出版社，2008.

[29]张怀胜．运筹学基础常用算法互动实训教程[M]．镇江：江苏大学出版社，2017.

[30]张长青．运筹学的方法及应用[M]．哈尔滨：黑龙江科学技术出版社，2010.